工业和信息化高职高专“十二五”规划教材立项项目

高等职业教育电子技术技能培养规划教材

Gaodeng Zhiye Jiaoyu Dianzi Jishu Jineng Peiyang Guihua Jiaocai

数字电子技术

U0122009

周忠 主编 张金菊 何一芥 王聪 郭永欣 副主编

Digital Electronic Technology

人民邮电出版社

北京

图书在版编目（CIP）数据

数字电子技术 / 周忠主编. -- 北京 : 人民邮电出版社, 2012.2
高等职业教育电子技术技能培养规划教材
ISBN 978-7-115-26400-8

Ⅰ. ①数… Ⅱ. ①周… Ⅲ. ①数字电路－电子技术－高等职业教育－教材 Ⅳ. ①TN79

中国版本图书馆CIP数据核字(2011)第281540号

内容提要

本书主要内容包括数制与编码、数字逻辑电路基础、逻辑门电路、数码显示电路的分析与制作，八路智力抢答器、计时器电路的分析与制作、数字电子钟分析与制作、电压发生器的分析与制作、半导体存储器和可编程逻辑器件等。本书可作为高职院校电子信息类、自动化类、计算机类、通信工程、测控技术与仪器等专业的教材，也可供从事电子技术工作的工程技术人员参考。

高等职业教育电子技术技能培养规划教材

数字电子技术

◆ 主　编　周　忠
副 主 编　张金菊　何一芥　王　聪　郭永欣
责任编辑　潘新文

◆ 人民邮电出版社出版发行　北京市崇文区夕照寺街 14 号
邮编　100061　电子邮件　315@ptpress.com.cn
网址　http://www.ptpress.com.cn
三河市海波印务有限公司印刷

◆ 开本：787×1092　1/16
印张：10.5　2012 年 2 月第 1 版
字数：251 千字　2012 年 2 月河北第 1 次印刷

ISBN 978-7-115-26400-8

定价：25.00 元

读者服务热线：(010)67170985　印装质量热线：(010)67129223
反盗版热线：(010)67171154
广告经营许可证：京崇工商广字第 0021 号

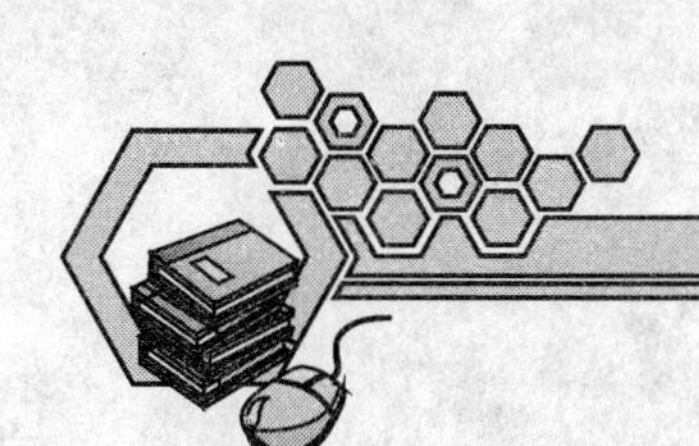

前 言

随着计算机、通信和信息技术的迅速发展与广泛应用，人类正在以前所未有的速度全面进入信息化社会，而信息时代正是以数字化为基本特征。通信、计算机、广播、电视等各个领域都在应用数字技术。作为培养在生产、建设、管理、服务第一线岗位上从事技术工作的实用性人才的高等工程专科教育和高等职业教育，开设“数字电子技术”这门课程是十分重要和必要的。数字电子技术是计算机、电力、电子、通信及自动化等专业的主要基础课，是进一步学习专业课及以后从事计算机、通信、信息技术及电气工程技术等工作的一门必修课。

本教材在编写之际，考虑到培养应用性学生的学习实际需求，本着“精心组织、保证基础、精选内容、面向应用”的编写原则，以学生就业所需的专业理论知识和操作技能为切入点，力求提高学生的实际运用能力，使学生能更好地利用所学的知识服务于社会，突出了高职院校教学的特色。

本书遵循以下编写思路：遵循教育规律，按照高职教育人才培养目标要求力求由浅入深，由易到难，由简到繁，讲清概念，立足应用。

教材共分为三篇：基础篇、实践篇和拓展篇。基础篇让学生掌握和理解数等电子技术电的基础知识；实践篇按照内容分为五个项目，其中每个项目中包含电路设计所必须的理论知识、任务制作与调试和考核评价等内容，以培养学生应用数字电子技术相关基础制作实用电路模块为目的，充分体现了高职教育的特点；拓展篇对数字电子技术的知识进行了延伸。

在附录中引入 Multisim 在数字电子技术中的应用，并进行了各种电路的仿真分析，使学生会利用该软件进行理论验证，巩固所学知识。

在每章末都对本章内容进行了小结，便于学生了解自己对知识的掌握程度。并附有一定数量的习题，帮助学生加深对课程内容的理解。

本书由周忠任主编，张金菊、何一芥、王聪任、郭永欣任副主编，各章编写分工为：周忠负责全书统稿并编写第 1 章，张金菊编写 2 章、3 章、4 章，何一芥、郭怡婷、彭访、张群慧编写第 5 章、6 章、7 章、8 章，王聪、郭永欣编写第 9 章、10 章、附录；马佳参加了大纲的讨论与修订工作。

本书可以作为高职院校电子信息类、自动化类、计算机类、通信工程、测控技术与仪器等专业的教材，也可供从事电子技术工作的工程技术人员参考。

由于我们水平有限，书中的错误和缺点在所难免，欢迎读者批评指正。

编 者

2011 年 5 月

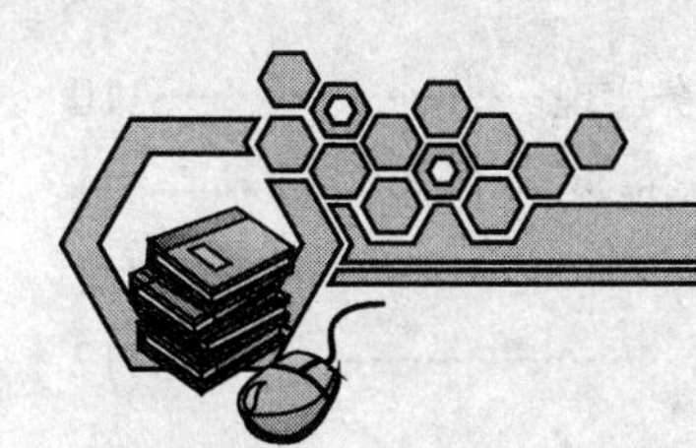

目录

基础篇

实践篇

拓展篇

附录

基础篇

第1章 绪论

本章要点

1. 了解数字电路的特点；
2. 掌握数制和码制以及各种数制间的转换。

21 世纪是信息化和数字化的时代，数字化是人类进入信息时代的必要条件。数字电子技术已经广泛地应用于电视、雷达、通信、电子计算机、自动控制、电子测量仪表、核物理、航天等各个领域。例如，在通信系统中，应用数字电子技术的数字通信系统，不仅比模拟通信系统抗干扰能力强、保密性好，而且还能应用电子计算机进行信息处理和控制，形成以计算机为中心的自动交换通信网；在测量仪表中，数字测量仪表不仅比模拟测量仪表精度高、测试能力强，而且还易于实现测试的自动化和智能化。

1.1 数字电路的特点

1.1.1 数字信号和数字电路

工程上应用电信号可以分为两大类：模拟信号和数字信号。

模拟信号是指时间连续、数值也连续的信号（如电视的图像信号和语音信号），如图 1-1 所示。通常地产生、变换、传送、处理模拟信号的电路叫做模拟电路。

数字信号是指时间上和数值上均是离散的信号（如生产中自动记录零件个数的计数信号，电子表的秒信号）。如图 1-2 所示。一般来说数字信号在两个稳定的状态之间做阶跃式变化，它有电位型和脉冲型两种，用高、低两个电位信号表示数字“1”和“0”是电位型表示法，用有无脉冲表示数字“1”和“0”是脉冲型表示法。产生、存储、变换、处理、传送数字信号的电路叫做数字电路。

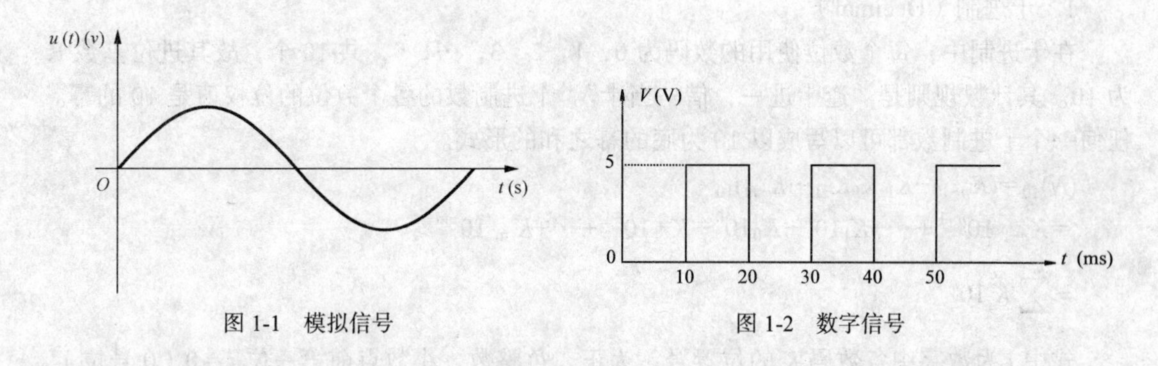

图 1-1　模拟信号　　　图 1-2　数字信号

1.1.2　数字电路的特点

数字电路在结构和工作状态、研究内容和分析方法等方面都与模拟电路不同，它具有如下特点：

（1）易于实现。由于数字电路是以二值数字逻辑为基础的，只有 0 和 1 两个基本数字，易于用电路来实现，比如可用二极管、三极管的导通与截止这两个对立的状态来表示数字信号的逻辑 0 和逻辑 1。

（2）便于集成。随着半导体技术和工艺的飞速发展，数字电路目前绝大多数是数字集成电路；批量生产的集成电路成本低廉，使用方便；组成的数字系统工作可靠，精度较高，抗干扰能力强。

（3）方便控制。数字电路不仅能完成数值运算，而且能进行逻辑判断和运算，这在控制系统中是不可缺少的，可利用它制造数控装置、智能仪表、数字通信设备以及电子计算机等现代化的科技产品。

（4）保密性好。数字电路中可以对数字信号进行加密处理，使信号在传输过程中不易被窃取。

（5）通用性强。数字集成电路产品系列多。

由于具有上述一系列优点，数字电路在电子设备或电子系统中得到了越来越广泛的应用，计算机、计算器、电视机、音响系统、视频记录设备、光碟、长途电信及卫星系统等，无一不采用了数字系统。

1.2　数制转换

1.2.1　数制

所谓数制就是计数的方法，它是进位计数制的简称。在生产实践中，人们经常采用

位置计数法，即将表示数字的数码从左至右排列起来。常用的有十进制、二进制、十六进制等。

1. 十进制（Decimal）

在十进制中，每个数位使用的数码为 0，1，2，3，…，9，共 10 个，故其进位基数 R 为 10。其计数规则是“逢十进一，借一当十”。十进制数的各个数位的位权值是 10 的幂。任何一个十进制数都可以写成以 10 为底的幂之和的形式。

$$(N)_{10}=(K_{n-1}\cdots K_1 K_0 K_{-1}\cdots K_{-m})_{10}$$
$$=K_{n-1}10^{n-1}+\cdots+K_1 10^1+K_0 10^0+K_{-1}10^{-1}+\cdots+K_{-m}10^{-m}$$
$$=\sum_{i=-m}^{n-1}K_i 10^i$$

式中 i 为数字中各数码 K 的位置号，为正、负整数，小数点前第一位 $i=0$（0 号位），第二位 $i=1$（1 号位），依此类推；小数点后第一位 $i=-1$（−1 号位），第二位 $i=-2$（−2 号位），依此类推。

10^i 为第 i 位的位权。

十进制数用下标“D”表示，也可省略。例如

$$(126.213)_D=1\times10^2+2\times10^1+6\times10^0+2\times10^{-1}+1\times10^{-2}+3\times10^{-3}$$

十进制数人们最熟悉，但机器实现起来很困难。

2. 二进制

在二进制中，每个数位使用的数码为 0，1，共 2 个，故其进位基数 R 为 2。其计数规则是“逢二进一，借一当二”。每个数位的位权值为 2 的幂。其位权展开式为

$$(N)_2=(K_{n-1}\cdots K_1 K_0 . K_{-1}\cdots K_{-m})_2$$
$$=K_{n-1}2^{n-1}+\cdots+K_1 2^1+K_0 2^0+K_{-1}2^{-1}+\cdots+K_{-m}2^{-m}$$
$$=\sum_{i=-m}^{n-1}K_i 2^i$$

式中，k_i 为 0 或 1 数码；n 和 m 为正整数；2^i 为 i 位的位权值。

二进制数用下标“B”表示。例如

$$(1101.01)_B=1\times2^3+1\times2^2+0\times2^1+1\times2^0+0\times2^{-1}+1\times2^{-2}$$

二进制数由于只需两个数码，机器实现容易，因而二进制是数字系统唯一识别的代码，但二进制书写太长。

3. 十六进制

在十六进制中，每个数位上规定使用的数码符号为 0，1，2，…，9，A，B，C，D，E，F，共 16 个，故其进位基数 R 为 16。其计数规则是“逢十六进一，借一当十六”。各位的位权是 16 的整数幂。其位权展开式为

$$(N)_{16}=(K_{n-1}\cdots K_1 K_0 K_{-1}\cdots K_{-m})_{16}$$
$$=K_{n-1}16^{n-1}+\cdots+K_1 16^1+K_0 16^0+K_{-1}16^{-1}+\cdots+K_{-m}16^{-m}$$
$$=\sum_{i=-m}^{n-1}K_i(16)^i$$

十六进制数用下标“H”表示。例如

$(BD2.3C)_H = B\times16^2 + D\times16^1 + 2\times16^0 + 3\times16^{-1} + C\times16^{-2}$

4. 八进制

在八进制中，每个数位上规定使用的数码符号为 0，1，2，…，7，故其进位基数 R 为 8。其计数规则是“逢八进一，借一当八”。各位的位权是 8 的整数幂。其位权展开式为

$(N)_8=(K_{n-1}\cdots K_1\,K_0\,K_{-1}\cdots K_{-m})_8$

$=K_{n-1}8^{n-1}+\quad +K_1 8^1+K_0 8^0+K_{-1}8^{-1}+K_m 8^{-m}$

$=\sum_{i=-m}^{n-1}K_i(8)^i$

八进制数用下标“O”表示。例如：

$$(21.3)_O=2\times8^1+1\times8^0+3\times8^{-1}$$

上述几种数制各有其优缺点，应用场合也不相同。在计算机系统中，二进制主要用于机器内部的数据处理，十六进制主要用于书写程序，十进制主要用于运算最终结果的输出。

1.2.2 数制转换

1. 二进制转换成十进制

将二进制数转换为等值的十进制数，只要将二进制数按位权展开，再按十进制数运算规则运算，即可得到十进制数。

例 1：将二进制数 10011.101 转换成十进制数。

解：将每一位二进制数乘以位权，然后相加，可得

$(10011.101)_B = 1\times2^4 + 0\times2^3 + 0\times2^2 + 1\times2^1 + 1\times2^0 + 1\times2^{-1} + 0\times2^{-2} + 1\times2^{-3}$

$=(19.625)_D$

同理，八、十六进制转换为十进制方法类似。

2. 十进制转换成二进制

将十进制数转换为二进制数，需将十进制数的整数部分和小数部分分别进行转换，然后将它们合并起来。

整数部分：可用“除 2 取余”法将十进制的整数部分转换成二进制。

具体步骤如下。

① 将十进制整数除以 2，记下所得的商和余数。

② 将上一步所得的商再除以 2，记下所得的商和余数。

③ 重复做第②步，直到商为 0。

④ 将各个余数转换成二进制的数码，并按照和运算过程相反的顺序把各个余数排列起来，即为二进制的数。

例 2：将十进制数 23 转换成二进制数。

解：根据“除 2 取余”法的原理，按如下步骤转换。

2 | 23	………余1	b_0
2 | 11	………余1	b_1
2 | 5	………余1	b_2
2 | 2	………余0	b_3
2 | 1	………余1	b_4
0		

读取次序（由下向上）

则 $(23)_D=(10111)_B$

小数部分：可用“乘 2 取整”的方法将任何十进制数的纯小数部分转换成二进制数。具体步骤如下。

① 将纯小数乘以 2，记下整数部分。

② 将上一步乘积中的小数部分再乘以 2，记下整数部分。

③ 重复做第②步，直到小数部分为 0 或者满足精度要求为止。

④ 将各步求得的整数转换成二进制的数码，并按照和运算过程相同的顺序排列起来，即为二进制的数。

例 3：将十进制数（0.562）$_D$转换成误差 ε 不大于 2^{-6} 的二进制数。

解：用“乘 2 取整”法，按如下步骤转换。

取整

$0.562 \times 2 = 1.124$ …… 1 ……b_{-1}

$0.124 \times 2 = 0.248$ …… 0 ……b_{-2}

$0.248 \times 2 = 0.496$ …… 0 ……b_{-3}

$0.496 \times 2 = 0.992$ …… 0 ……b_{-4}

$0.992 \times 2 = 1.984$ …… 1 ……b_{-5}

由于最后的小数 $0.984 > 0.5$，根据“四舍五入”的原则，b_{-6}应为 1。因此

$(0.562)_D=(0.100011)_B$ 其误差 $\varepsilon < 2^{-6}$。

同理，十进制转换为八成十六进制方法类似。

3. 二进制转换成十六进制

由于十六进制基数为 16，而 $16=2^4$，因此，4 位二进制数就相当于 1 位十六进制数。因此，可用“4 位分组”法将二进制数化为十六进制数。

例 4：将二进制数 1001101.100111 转换成十六进制数。

解：$(1001101.100111)_B=(0100\ 1101.1001\ 1100)_B=(4D.9C)_H$

同理，若将二进制数转换为八进制数，可将二进制数分为 3 位一组，再将每组的 3 位二进制数转换成一位八进制即可。

4. 十六进制转换成二进制

由于每位十六进制数对应于 4 位二进制数，因此，十六进制数转换成二进制数，只要将每一位变成 4 位二进制数，按位的高、低依次排列即可。

例 5：将十六进制数 6E.3A5 转换成二进制数。

解：$(6E.3A5)_H = (110\quad 1110.\quad 0011\quad 1010\quad 0101)_B$

同理，若将八进制数转换为二进制数 ，只须将每一位变成 3 位二进制数，按位的高、低依次排列即可。

1.2.3　码制

数字系统中的信息可以分为两类，一类是数值信息，另一类是文字、符号信息。为了表示这些文字符号信息，往往采用一定位数的二进制数码来表示，这个特定的二进制码称为代码。建立这种代码与文字、符号或特定对象之间的一一对应关系则称为编码。

码制是指用二进制代码表示数字或符号的编码方法。

十进制数码（0～9）是不能在数字电路中运行的，必须将其转换为二进制数。用二进制码表示十进制码的编码方法称为二—十进制码，即 BCD 码。

BCD 码分为有权码和无权码两大类。

1. 有权 BCD 码

有权 BCD 代码是指在表示 0～9 十个十进制数码的 4 位二进制代码中，每位二进制数码都有确定的位权值。常见的有 8421 码、2421 码、5421 码。对于有权 BCD 代码,可以根据位权展开求得所代表的十进制数。例如：

$(0111)_{8421BCD} = 0\times8+1\times4+1\times2+1\times1=(7)_D$

$(1101)_{2421BCD} = 1\times2+1\times4+0\times2+1\times1=(7)_D$

$(1100)_{5421BCD} = 1\times5+1\times4+0\times2+0\times1=(9)_D$

最常用的有权码是 8421BCD 码，由于其位权值是按基数 2 的幂增加的，这和二进制数的位权值一致，所以有时也称 8421BCD 码为自然权码。

2. 无权 BCD 码

这些代码没有确定的位权值，不能按位权展开来求它们所代表的十进制数。常见的有余 3 码和格雷码。余 3 码是由 8421 码加上（3）$_D$=（0011）$_B$ 而得到的，用余 3 码进行加减运算比 8421BCD 码方便。格雷码是一种典型的循环码，它有很多种编码方式，但它们都有一个基本的特点是相邻性，即任意两组相邻码之间只有一位不同。首尾两个数码即最小数 0000 和最大数 1000 之间也符合此特点，故可称为循环码。

采用循环码编码可以有效地防止波形出现毛刺，还可以提高电路的工作速度。它广泛应用于输入、输出设备和模拟/数字转换器等。

常用的 BCD 码的几种编码方式如表 1-1 所示。

表 1-1　常用 BCD 码的几种编码方式

BCD 码 十进制数码	8421 码	2421 码	5421 码	余三码 （无权码）	格雷码 （无权码）
0	0000	0000	0000	0011	0000
1	0001	0001	0001	0100	0001
2	0010	0010	0010	0101	0011
3	0011	0011	0011	0110	0010
4	0100	0100	0100	0111	0110

续表

BCD码 十进制数码	8421码	2421码	5421码	余三码 （无权码）	格雷码 （无权码）
5	0101	1011	1000	1000	0111
6	0110	1100	1001	1001	0101
7	0111	1101	1010	1010	0100
8	1000	1110	1011	1011	1100
9	1001	1111	1100	1100	1000

注意，BCD码用4位二进制码表示的只是十进制数的一位。如果是多位十进制数，应先将每一位用BCD码表示，然后组合起来。

例7：将十进制数83分别用8421码、2421码和余3码表示。

解：由表1-1可得

$(83)_D=（1000\ 0011）_{8421}$

$(83)_D=（1110\ 0011）_{2421}$

$(83)_D=（1011\ 0110）_{余3}$

例8：将十进制数276.8转换为8421码。

解：2　7　6　.　8

↓　↓　↓　　↓

0010　0111　0110　　1000

$（276.8）_D\ =（0010011101101000）_{BCD}$

本章小结

工程上电信号可以分为两大类：模拟信号和数字信号。模拟信号是指时间连续、数值也连续的信号；数字信号是指时间上和数值上均是离散的信号。

所谓数制就是计数的方法，它是进位计数制的简称。常用的有十进制、二进制、十六进制等。不同数制之间的转换方式有若干种，把非十进制数转换成十进制数采用按权展开相加的方法。对于既有整数部分又有小数部分的十进制数转换成其他进制数，首先要把整数部分和小数部分分别转换，再把两者转换结果相加。二进制数转换成十六进制数时，其整数部分和小数部分可以同时转换。其方法是：以二进制数的小数点为起点，分别向左、向右每4位为一组，把每一组二进制数转换成十六进制数，并保持原排序。十六进制数转换成二进制数时，只要把十六进制数的每一位数码转换成4位二进制数，并保持原有排序即可。

在数字电路中，采用二进制中的0、1两个代码表示逻辑变量的两种状态。用一组二进制代码表示一组信息，就称做二进制代码，常用的有BCD码、格雷码等。

思考练习题

1. 数字电路有什么优点？
2. 为什么数字逻辑称为二值数字逻辑？

3. 为什么在计算机或数字系统中通常采用二进制？

4. 在二进制数中，其位权的规律是什么？

5. 十六进制数主要用于何种场合？

6. 二进制与十六进制之间如何进行转换？

7. 将下列二进制数转换为十进制数。

（1）$(10101)_B$　　（2）$(0.10101)_B$　　（3）$(1010.101)_B$

8. 写出下列八进制数的按权展开式。

（1）$(247)_O$　　（2）$(0.651)_O$　　（3）$(465.43)_O$

9. 将下列十六进制数转换为十进制数。

（1）$(6BD)_H$　　（2）$(0.7A)_H$　　（3）$(8E.D)_H$

10. 将下列十进制数转换为二进制数，小数部分精确到小数点后第四位。

（1）$(47)_D$　　（2）$(0.786)_D$　　（3）$(53.634)_D$

11. 将下列二进制数转换为八进制数。

（1）$(10111101)_B$　　（2）$(0.11011)_B$　　（3）$(1101011.1101)_B$

12. 将下列二进制数转换为十六进制数。

（1）$(1101111011)_B$　　（2）$(0.10111)_B$　　（3）$(110111.01111)_B$

13. 列出下列各有权BCD代码的码表。

（1）8421码　　（2）5421码　　（3）2421码

14. 将下列十进制数转换为8421BCD码。

（1）$(24.35)_D$　　（2）$(365.79)_D$　　（3）$(63.081)_D$

15. 将下列8421BCD码转换成十进制数。

（1）$(01111001.011000100101)_{8421BCD}$

（2）$(01011000.01110110)_{8421BCD}$

第2章 数字逻辑基础

本章要点

1. 掌握基本逻辑运算符号与常用复合逻辑运算符号；
2. 掌握逻辑代数中的基本公式和定理；
3. 掌握逻辑函数的几种表示方法；
4. 掌握逻辑函数的化简方法。

1849 年英国数学家乔治·布尔（George Boole）首先提出了描述客观事物逻辑关系的数学方法——布尔代数；1938 年克劳德·香农（Claude E. Shannon）将布尔代数应用到继电器开关电路的设计中，因此又称为开关代数。随着数字技术的发展，布尔代数成为数字逻辑电路分析和设计的基础，又称为逻辑代数。

2.1 逻辑代数

在客观世界中，许多事物之间的关系具有因果性。例如，照明线路中开关与灯的关系，灯亮与灯灭取决于开关的闭合与断开。开关闭合与否是因，灯亮不亮是果，这种因果关系称为逻辑关系。

当 0 和 1 表示逻辑状态时，两个二进制数码按照某种指定的因果关系进行的运算称为逻辑运算。逻辑运算与算术运算完全不同，它所使用的数学工具是逻辑代数。

逻辑代数是按一定的逻辑关系进行运算的代数，也称布尔代数。在逻辑代数中，只有 0 和 1 两种逻辑值，有与、或、非三种基本逻辑运算，还有与或、与非、与或非、异或几种导出逻辑运算。

2.1.1　逻辑代数中的三种基本运算及常见的复合逻辑运算

1. 基本逻辑运算

（1）与运算

图 2-1（a）中有两个开关 A、B。只有当 A、B 全合上时，灯才亮。其工作状态如图 2-1（b）所示，称为真值表。对于此例，可以得出这样一种因果关系：只有当决定某一件事情（如灯亮）的条件（如开关合上）全部具备之后，这件事情（如灯亮）才会发生，我们把这种因果关系称为与逻辑。

如果用二值逻辑 0 和 1 来表示，并设 1 表示开关闭合或灯亮；0 表示开关不闭合或灯不亮，则得到如图 2-1（c）所示的表格，称为逻辑真值表。

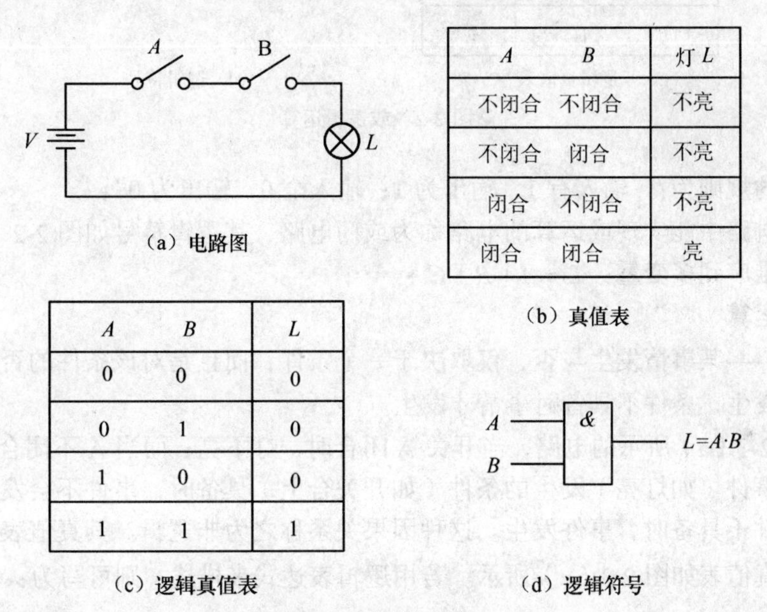

（a）电路图

A	B	灯 L
不闭合	不闭合	不亮
不闭合	闭合	不亮
闭合	不闭合	不亮
闭合	闭合	亮

（b）真值表

A	B	L
0	0	0
0	1	0
1	0	0
1	1	1

（c）逻辑真值表

（d）逻辑符号

图 2-1　与逻辑运算

若用逻辑表达式来描述，则可写为：$L=A\cdot B$。

与运算的规则为：“输入有 0，输出为 0；输入全 1，输出为 1”。

在数字电路中能实现与运算的电路称为与门电路，其逻辑符号如图 2-1（d）所示。

与运算可以推广到多变量：$L=A\cdot B\cdot C\cdot\cdots\cdots$

（2）或运算

在图 2-2（a）所示的电路中，只要 A 或 B 有一个合上，或者两个都合上，灯就会亮。其工作状态如图 2-2（b）所示。这样可以得到另一个因果关系：当决定一件事情（如灯亮）的几个条件（如开关合上）中，只要有一个或一个以上条件具备，这件事情就会发生。我们把这种因果关系称为或逻辑。

或运算的真值表如图 2-2（b）所示，逻辑真值表如图 2-2（c）所示。若用逻辑表达式来描述，则可写为：$L=A+B$。

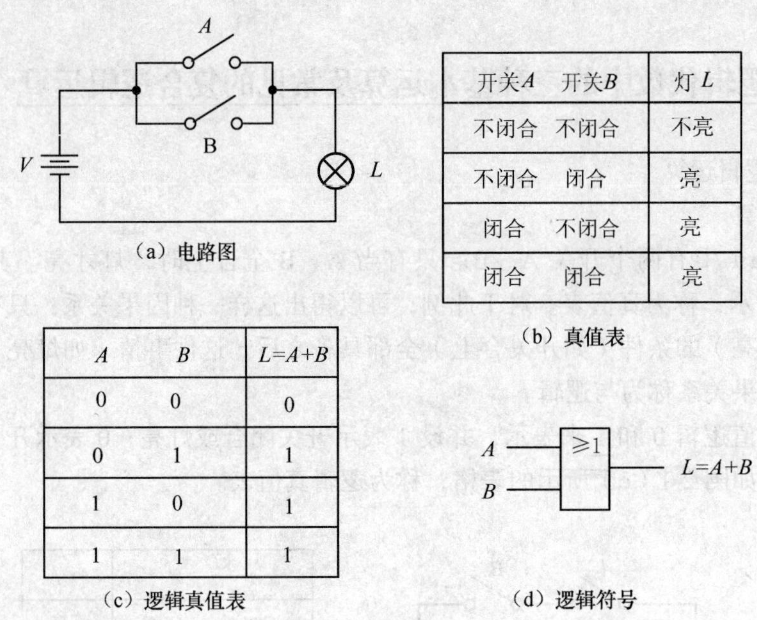

开关*A*	开关*B*	灯*L*
不闭合	不闭合	不亮
不闭合	闭合	亮
闭合	不闭合	亮
闭合	闭合	亮

A	*B*	*L=A+B*
0	0	0
0	1	1
1	0	1
1	1	1

（a）电路图　（b）真值表　（c）逻辑真值表　（d）逻辑符号

图 2-2　或逻辑运算

或运算的规则为："输入有 1，输出为 1；输入全 0，输出为 0"。

在数字电路中能实现或运算的电路称为或门电路，其逻辑符号如图 2-2（d）所示。或运算也可以推广到多变量：$L = A + B + C + \cdots\cdots$

（3）非运算

非运算——某事情发生与否，仅取决于一个条件，而且是对该条件的否定。即条件具备时事情不发生；条件不具备时事情才发生。

再看图 2-3（a）所示的电路，当开关 A 闭合时，灯不亮；而当 A 不闭合时，灯亮。在该电路中，事件（如灯亮）发生的条件（如开关合上）具备时，事件不会发生，反之，事件发生的条件不具备时，事件发生。这种因果关系称之为非逻辑。其真值表如图 2-3（b）所示，逻辑真值表如图 2-3（c）所示。若用逻辑表达式来描述，则可写为：$L = \overline{A}$。

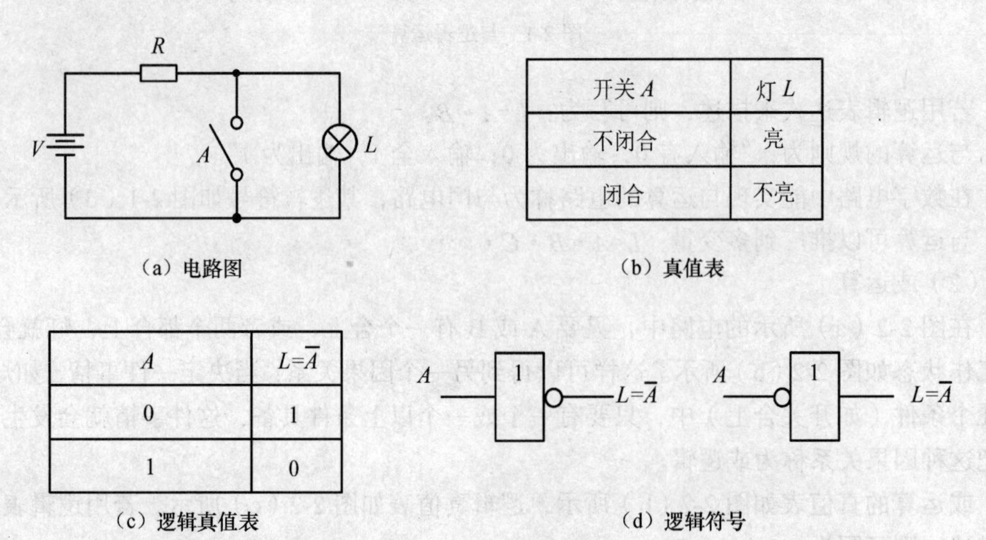

开关*A*	灯*L*
不闭合	亮
闭合	不亮

A	$L=\overline{A}$
0	1
1	0

（a）电路图　（b）真值表　（c）逻辑真值表　（d）逻辑符号

图 2-3　非逻辑运算

非运算的规则为：$\bar{0}=1$；$\bar{1}=0$。

在数字电路中实现非运算的电路称为非门电路，其逻辑符号如图 2-3（d）所示。

2．其他常用逻辑运算

任何复杂的逻辑运算都可以由这三种基本逻辑运算组合而成。在实际应用中，为了减少逻辑门的数目，使数字电路的设计更方便，还常常使用其他几种常用逻辑运算。

（1）与非

与非是由与运算和非运算组合而成的，它是将输入变量先进行与运算，然后再进行非运算。其真值表和逻辑符号如图 2-4 所示。

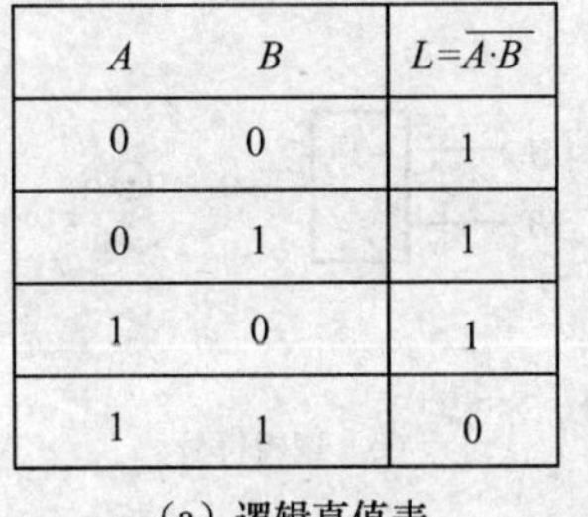

A	B	$L=\overline{A\cdot B}$
0	0	1
0	1	1
1	0	1
1	1	0

（a）逻辑真值表

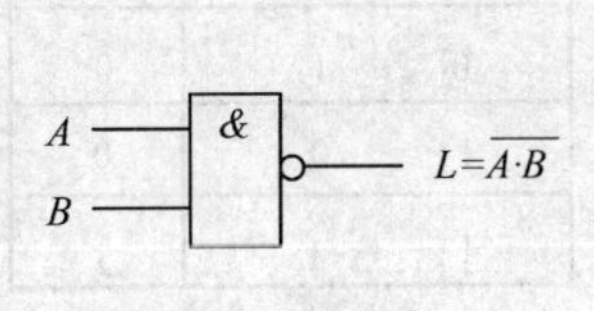

（b）逻辑符号

图 2-4　与非逻辑运算

由真值表可见，对于与非逻辑，只要输入变量中有一个为 0，输出就为 1。或者说，只有输入变量全部为 1 时，输出才为 0。

（2）或非

或非是由或运算和非运算组合而成的，它是将输入变量先进行或运算，然后再进行非运算。其真值表和逻辑符号如图 2-5 所示。

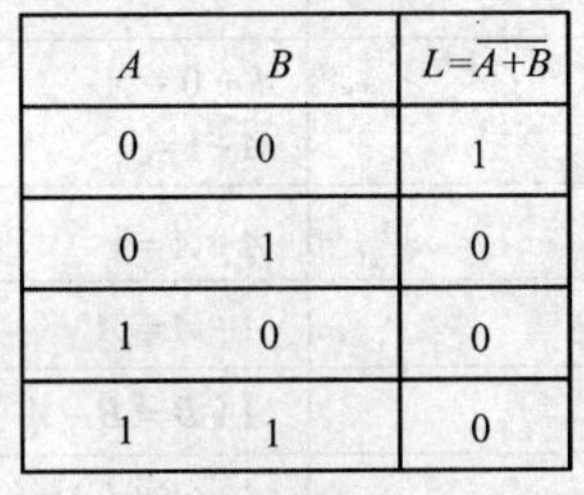

A	B	$L=\overline{A+B}$
0	0	1
0	1	0
1	0	0
1	1	0

（a）逻辑真值表

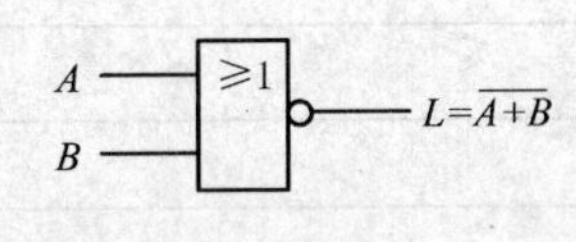

（b）逻辑符号

图 2-5　或非逻辑运算

由真值表可见，对于或非逻辑，只要输入变量中有一个为 1，输出就为 0。或者说，只有输入变量全部为 0 时，输出才为 1。

（3）异或

异或是一种二变量逻辑运算，当两个变量取值相同时，逻辑函数值为 0；当两个变量取值不同时，逻辑函数值为 1。异或的逻辑真值表和相应逻辑门的符号如图 2-6 所示。

（4）同或

同或是一种二变量逻辑运算，当两个变量取值相同时，逻辑函数值为 1；当两个变量取值不同时，逻辑函数值为 0，见图 2-7。

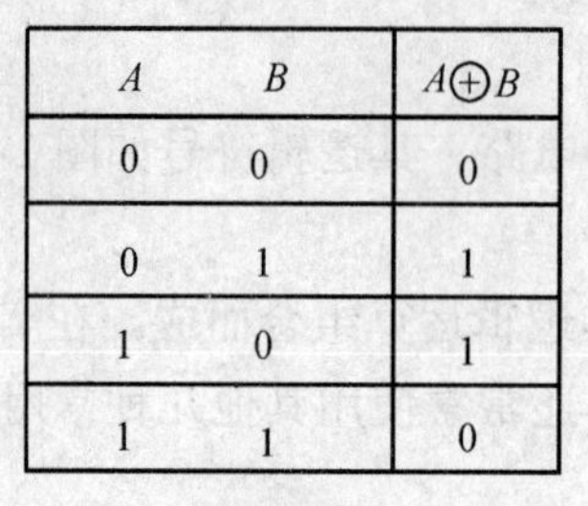

A	B	$A\oplus B$
0	0	0
0	1	1
1	0	1
1	1	0

（a）逻辑真值表

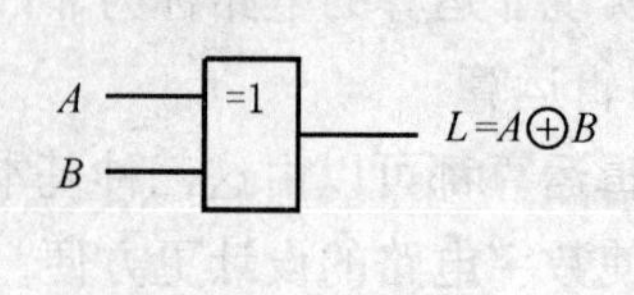

（b）逻辑符号

图 2-6　异或逻辑运算

A	B	$A\odot B$
0	0	1
0	1	0
1	0	0
1	1	1

（a）逻辑真值表

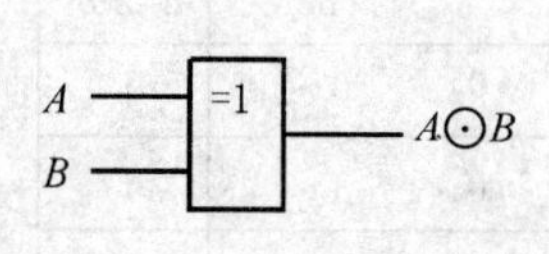

（b）逻辑符号

2.1.2　逻辑代数中的基本公式和定理

1．基本公式

逻辑代数中的基本公式包括 9 个定律，其中有的定律与普通代数相似，有的定律与普通代数不同，使用时切勿混淆，如表 2-1 所示。

表 2-1　　逻辑代数的基本公式

名称	公式 1	公式 2
0—1 律	$A\cdot 1=A$ $A\cdot 0=0$	$A+0=A$ $A+1=1$
互补律	$A\overline{A}=0$	$A+\overline{A}=1$
重叠律	$AA=A$	$A+A=A$
交换律	$AB=BA$	$A+B=B+A$
结合律	$A(BC)=(AB)C$	$A+(B+C)=(A+B)+C$
分配律	$A(B+C)=AB+AC$	$A+BC=(A+B)(A+C)$
反演律	$\overline{AB}=\overline{A}+\overline{B}$	$\overline{A+B}=\overline{A}$□$\overline{B}$
吸收律	$A(A+B)=A$ $A(\overline{A}+B)=AB$　$(A+B)=(\overline{A}+C)(B+C)=(A+B)(\overline{A}+C)$	$A+AB=A$ $A+\overline{A}B=A+B$ $AB+\overline{A}C+BC=AB+\overline{A}C$
非非律	$\overline{\overline{A}}=A$	

表中略为复杂的公式可用其他更简单的公式来证明。

例 1：证明吸收律 $A+\overline{A}B=A+B$。

证：$A+\overline{A}B=A(B+\overline{B})+\overline{A}B=AB+A\overline{B}+\overline{A}B=AB+AB+A\overline{B}+\overline{A}B$

$= A(B+\overline{B})+B(A+\overline{A}) = A+B$

例 2：　证明 $AB+\overline{A}C+BC=AB+\overline{A}C$。

证：$AB+\overline{A}C+BC = AB+\overline{A}C+(A+\overline{A})BC$

$= AB+\overline{A}C+ABC+\overline{A}BC$

$= AB(1+C)+\overline{A}C(1+B)$

$= AB+\overline{A}C$

表中的公式还可以用真值表来证明，即检验等式两边函数的真值表是否一致。

例如证明反演律，如表 2-2 所示。

表 2-2　　**证明反演律真值表**

A　B	$\overline{A+B}$	$\overline{A}\cdot\overline{B}$	$\overline{AB}$	$\overline{A}+\overline{B}$
0　0	1	1	1	1
0　1	0	0	1	1
1　0	0	0	1	1
1　1	0	0	0	0

反演律又称摩根定律，是非常重要又非常有用的公式，它经常用于逻辑函数的变换，以下是它的两个变形公式，也是常用的。

$$AB=\overline{\overline{A}+\overline{B}} \qquad A+B=\overline{\overline{A}\,\overline{B}}$$

2. 逻辑代数的基本定理(基本规则)

（1）代入规则

代入规则的基本内容是：对于任何一个逻辑等式，以某个逻辑变量或逻辑函数同时取代等式两端任何一个逻辑变量后，等式依然成立。

利用代入规则可以方便地扩展公式。例如，在反演律 $\overline{AB}=\overline{A}+\overline{B}$ 中用 BC 去代替等式中的 B，则新的等式仍成立：

$$\overline{ABC}=\overline{A}+\overline{BC}=\overline{A}+\overline{B}+\overline{C}$$

必须注意的是，在使用代入规则时，一定要把所有出现被代替变量的地方都代之以同一函数，否则不正确。

例 3：已知 $B(A+C)=BA+BC$，现将 A 用函数 $(A+D)$ 代替，证明等式仍然成立。

证：等式左边　$B[(A+D)+C]=BA+BD+BC$

等式右边　$B(A+D)+BC=BA+BD+BC$

（2）对偶规则

设 L 是一个逻辑函数表达式，如果将 L 中所有的“·”（注意，在逻辑表达式中，不致混淆的地方，“·”常被省略）换为“+”，所有的“+”换为“·”；所有的常量 0 换为常量 1，所有的常量 1 换为常量 0，所得新函数表达式叫做 L 的对偶式，用 L' 表示。

对偶规则的基本内容是：如果两个逻辑函数表达式相等，那么它们的对偶式也一定相等。

利用对偶规则可以帮助我们减少公式的记忆量。例如，表 2-1 中的公式 1 和公式 2 就互为对偶，只需记住一边的公式就可以了。利用对偶规则，不难得出另一边的公式。

必须指出，在运用对偶规则时，要特别注意运算符号的优先顺序。先进行与运算，再进行或运算，有括号的先进行括号内的运算。

例 4：$F = A\cdot(B+C)$　　则对偶式　　　　$F' = A + B\cdot C$

$F = (A+0)\cdot(B\cdot 1)$ 则对偶式　$F' = A\cdot 1 + (B+0)$

（3）反演规则

设 L 是一个逻辑函数表达式，如果将 L 中所有的“•”换为“+”，所有的“+”换为“•”；所有的常量 0 换为常量 1，所有的常量 1 换为常量 0；所有的原变量换为反变量，所有的反变量换为原变量，所得新函数表达式叫做 L 的反函数（或称为互补函数），用 $\overline{L}$ 表示。

反演规则又称为德・摩根定理，或称为互补规则。利用反演规则，可以非常方便地求得一个函数的反函数。

例 5：求函数 $L = \overline{A}C + B\overline{D}$ 的反函数。

解：$\overline{L} = (A+\overline{C})\cdot(\overline{B}+D)$

例 6：求函数 $L = A\cdot\overline{B+C+\overline{D}}$ 的反函数。

解：$\overline{L} = \overline{A} + \overline{\overline{B}\cdot\overline{C}\cdot D}$

在应用反演规则求反函数时要注意以下两点。

① 保持运算的优先顺序不变，必要时加括号表明，如例 5。

② 变换中，几个变量（一个以上）的公共非号保持不变，如例 6。

2.2 逻辑函数

2.2.1 逻辑函数的建立

例 7：三个人表决一件事情，结果按“少数服从多数”的原则决定，试建立该逻辑函数。

解：第一步，设置自变量和因变量。将三人的意见设置为自变量 A、B、C，并规定只能有同意或不同意两种意见。将表决结果设置为因变量 L，显然也只有两个情况。

第二步，状态赋值。对于自变量 A、B、C 设：同意为逻辑“1”，不同意为逻辑“0”。对于因变量 L 设：事情通过为逻辑“1”，没通过为逻辑“0”。

第三步，根据题义及上述规定列出函数的真值表如表 2-3 所示。

表 2-3　　　　真值表

A	B	C	L
0	0	0	0
0	0	1	0
0	1	0	0
0	1	1	1
1	0	0	0
1	0	1	1
1	1	0	1
1	1	1	1

由真值表可以看出，当自变量 A、B、C 取确定值后，因变量 L 的值就完全确定了。所以，L 就是 A、B、C 的函数。A、B、C 常称为输入逻辑变量，L 称为输出逻辑变量。

一般地说，若输入逻辑变量 A、B、C...的取值确定以后，输出逻辑变量 L 的值也唯一地确定了，就称 L 是 A、B、C...的逻辑函数，写作：

$$L=f(A,\ B,\ C\ldots)$$

逻辑函数与普通代数中的函数相比较，有两个突出的特点：

① 逻辑变量和逻辑函数只能取两个值 0 和 1；

② 函数和变量之间的关系是由“与”、“或”、“非”三种基本运算决定的。

2.2.2　逻辑函数的表示方法

一个逻辑函数有四种表示方法，即真值表、函数表达式、逻辑图和卡诺图。这里先介绍前三种。

1. 真值表

真值表是将输入逻辑变量的各种可能取值和相应的函数值排列在一起而组成的表格。为避免遗漏，各变量的取值组合应按照二进制递增的次序排列。

真值表具有如下特点。

（1）直观明了。输入变量取值一旦确定后，即可在真值表中查出相应的函数值。

（2）把一个实际的逻辑问题抽象成一个逻辑函数时，使用真值表是最方便的。所以，在设计逻辑电路时，总是先根据设计要求列出真值表。

（3）真值表的缺点是，当变量比较多时，表比较大，显得过于繁琐。

2. 函数表达式

函数表达式就是由逻辑变量和“与”、“或”、“非”三种运算符所构成的表达式。

由真值表可以转换为函数表达式，方法为：在真值表中依次找出函数值等于 1 的变量组合，变量值为 1 的写成原变量，变量值为 0 的写成反变量，把组合中各个变量相乘。这样，对应于函数值为 1 的每一个变量组合就可以写成一个乘积项。然后，把这些乘积项相加，就得到相应的函数表达式了。例如，用此方法可以直接由表 2-3 写出“三人表决”函数的逻辑表达式。

$$L=\overline{A}BC+A\overline{B}C+AB\overline{C}+ABC$$

反之，由表达式也可以转换成真值表，方法为：画出真值表的表格，将变量及变量的所有取值组合按照二进制递增的次序列入表格左边，然后按照表达式，依次对变量的各种取值组合进行运算，求出相应的函数值，填入表格右边对应的位置，即得真值表。

例 8：列出函数 $L=A\cdot B+\overline{A}\cdot\overline{B}$ 的真值表。

解：该函数有两个变量，有 4 种取值的可能组合，将他们按顺序排列起来即得真值表，如表 2-4 所示。

表 2-4　　真值表

A	B	L
0	0	1
0	1	0
1	0	0
1	1	1

3. 逻辑图

逻辑图就是由逻辑符号及它们之间的连线而构成的图形。

由函数表达式可以画出其相应的逻辑图。

例 9：画出逻辑函数 $L = A \cdot B + \bar{A} \cdot \bar{B}$ 的逻辑图。

解：逻辑图如图 2-7 所示。

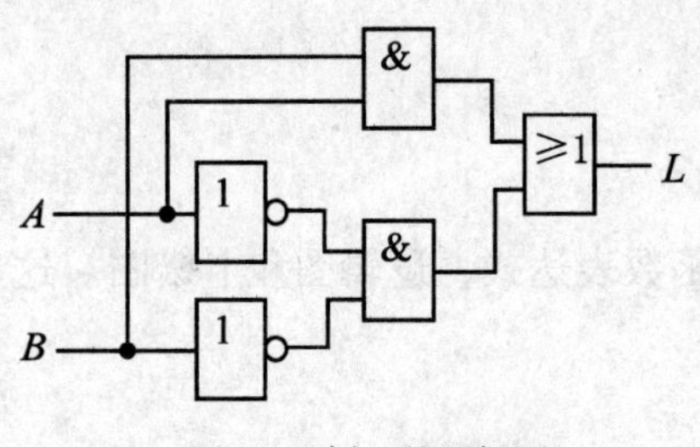

图 2-7 例 9 的逻辑图

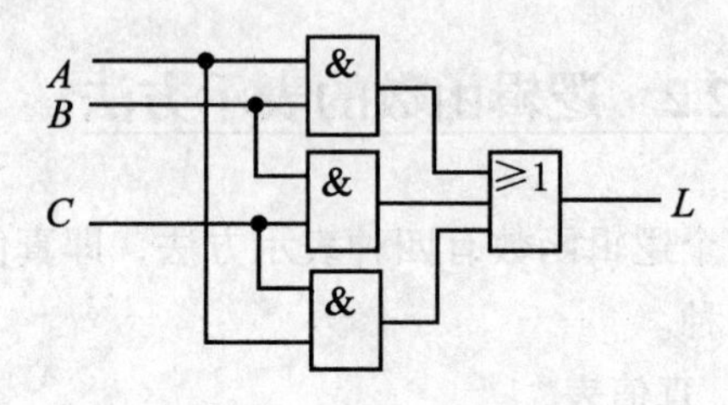

图 2-8 例 10 的逻辑图

由逻辑图也可以写出其相应的函数表达式。

例 10：写出如图 2-8 所示逻辑图的函数表达式。

解：该逻辑图是由基本的“与”、“或”逻辑符号组成的，可由输入至输出逐步写出逻辑表达式：$L = AB + BC + AC$ 。

2.3 化简

2.3.1 逻辑函数的代数化简法

1. 逻辑函数式的常见形式

一个逻辑函数的表达式不是唯一的，可以有多种形式，并且能互相转换。常见的逻辑式主要有 5 种形式，例如：

$L = AC + \bar{A}B$ 与或表达式

$= (A+B)(\bar{A}+C)$ 或与表达式

$= \overline{\overline{AC} \cdot \overline{\bar{A}B}}$ 与非与非表达式

$= \overline{\overline{A+B} + \overline{\bar{A}+C}}$ 或非或非表达式

$= \overline{A\bar{C} + \bar{A}\bar{B}}$ 与或非表达式

在上述多种表达式中，与—或表达式是逻辑函数的最基本表达形式。因此，在化简逻辑函数时，通常是将逻辑式化简成最简与—或表达式，然后再根据需要转换成其他形式。

例如 $F = AB + \bar{A}C$

$= \overline{\overline{AB + \bar{A}C}}$（利用还原律）

$= \overline{\overline{AB} \bullet \overline{\bar{A}C}}$（利用反演律）

2. 最简与—或表达式的标准

（1）与项最少，即表达式中“+”号最少。

（2）每个与项中的变量数最少，即表达式中“·”号最少。

3. 用代数法化简逻辑函数

用代数法化简逻辑函数，就是直接利用逻辑代数的基本公式和基本规则进行化简。代数法化简没有固定的步骤，常用的化简方法有以下几种。

（1）并项法

运用公式 $A+\overline{A}=1$，将两项合并为一项，消去一个变量。如

$L = AB\overline{C} + ABC = AB(\overline{C} + C) = AB$

$L = A(BC + B\overline{C}) + A(B\overline{C} + \overline{B}C) = ABC + AB\overline{C} + AB\overline{C} + A\overline{B}C = AC(C+\overline{C}) + A\overline{B}(C+\overline{C})$

$= AB + A\overline{B} = A(B+\overline{B}) = A$

（2）吸收法

运用吸收律 $A + AB = A$ 消去多余的与项。如

$L = A\overline{B} + A\overline{B}(C + DE) = A\overline{B}$

（3）消去法

运用吸收律 $A + \overline{A}B = A + B$ 消去多余的因子。如

$L = AB + \overline{A}C + \overline{B}C = AB + (\overline{A} + \overline{B})C = AB + \overline{AB}C = AB + C$

$L = \overline{A} + AB + \overline{B}E = \overline{A} + B + \overline{B}E = \overline{A} + B + E$

（4）配项法

先通过乘以 $A+\overline{A}$（=1）或加上 $A\overline{A}$（=0），增加必要的乘积项，再用以上方法化简。如

$L = AB + \overline{A}C + BCD = AB + \overline{A}C + BCD(A + \overline{A}) = AB + \overline{A}C + ABCD + \overline{A}BCD = AB + \overline{A}C$

$L = AB\overline{C} + \overline{ABC}\cdot\overline{AB} = AB\overline{C} + \overline{ABC}\quad \overline{AB} + AB\cdot\overline{AB} = AB(\overline{C} + \overline{AB}) + \quad \overline{ABC}\cdot\overline{AB}$

$= AB\cdot\overline{ABC} + \overline{ABC}\quad \overline{AB} = \overline{ABC}(AB + \overline{AB}) = \overline{ABC}$

在化简逻辑函数时，要灵活运用上述方法，才能将逻辑函数化为最简。下面再举几个例子。

例 11：化简逻辑函数 $L = A\overline{B} + A\overline{C} + A\overline{D} + ABCD$

解： $L = A(\overline{B} + \overline{C} + \overline{D}) + ABCD = A\overline{BCD} + ABCD = A(\overline{BCD} + BCD) = A$

例 12：化简逻辑函数 $L = AD + A\overline{D} + AB + \overline{A}C + BD + A\overline{B}EF + \overline{B}EF$。

解： $L = A + AB + \overline{A}C + BD + A\overline{B}EF + \overline{B}EF$（利用 $A+\overline{A}=1$）

$= A + \overline{A}C + BD + \overline{B}EF$（利用 $A + AB = A$）

$= A + C + BD + \overline{B}EF$（利用 $A + \overline{A}B = A + B$）

代数化简法的优点是不受变量数目的限制。缺点是：没有固定的步骤可循；需要熟练运用各种公式和定理；需要一定的技巧和经验；有时很难判定化简结果是否最简。

2.3.2　逻辑函数的卡诺图化简方法

1. 最小项的定义与性质

（1）最小项的定义

在 n 个变量的逻辑函数中，包含全部变量的乘积项称为最小项。其中每个变量在该乘

积项中可以以原变量的形式出现，也可以以反变量的形式出现，但只能出现一次。n 个变量逻辑函数的全部最小项共有 2^n 个。

如三变量逻辑函数 $L=f(A,B,C)$ 的最小项共有 $2^3=8$ 个，列入表 2-5 中。

表 2-5　　三变量逻辑函数的最小项及编号

最小项	变量取值 A B C	编号
$\overline{A}\,\overline{B}\,\overline{C}$	0 0 0	m_0
$\overline{A}\,\overline{B}C$	0 0 1	m_1
$\overline{A}B\overline{C}$	0 1 0	m_2
$\overline{A}BC$	0 1 1	m_3
$A\overline{B}\,\overline{C}$	1 0 0	m_4
$A\overline{B}C$	1 0 1	m_5
$AB\overline{C}$	1 1 0	m_6
ABC	1 1 1	m_7

（2）最小项的基本性质

以三变量为例说明最小项的性质，列出三变量全部最小项的真值表如表 2-6 所示。

表 2-6　　三变量全部最小项的真值表

变量	m_0	m_1	m_2	m_3	m_4	m_5	m_6	m_7
A B C	$\overline{A}\,\overline{B}\,\overline{C}$	$\overline{A}\,\overline{B}C$	$\overline{A}B\overline{C}$	$\overline{A}BC$	$A\overline{B}\,\overline{C}$	$A\overline{B}C$	$AB\overline{C}$	ABC
0 0 0	1	0	1	1	1	1	1	1
0 0 1	0	1	0	0	0	0	0	0
0 1 0	0	0	1	0	0	0	0	0
0 1 1	0	0	0	1	0	0	0	0
1 0 0	0	0	0	0	1	0	0	0
1 0 1	0	0	0	0	0	1	0	0
1 1 0	0	0	0	0	0	0	1	0
1 1 1	0	0	0	0	0	0	0	1

从表 2-6 中可以看出最小项具有以下几个性质。

① 对于任意一个最小项，只有一组变量取值使它的值为 1，而其余各种变量取值均使它的值为 0。

② 不同的最小项，使它的值为 1 的那组变量取值也不同。

③ 对于变量的任一组取值，任意两个最小项的乘积为 0。

④ 对于变量的任一组取值，全体最小项的和为 1。

2. 逻辑函数的最小项表达式

任何一个逻辑函数表达式都可以转换为一组最小项之和，称为最小项表达式。

例 13：将逻辑函数 $L(A,B,C)=AB+\overline{A}C$ 转换成最小项表达式。

解：该函数为三变量函数，而表达式中每项只含有两个变量，不是最小项。要变为最小项，就应补齐缺少的变量，办法为将各项乘以 1，如 AB 项乘以 $(C+\overline{C})$。

$L(A,B,C) = AB + \overline{A}C = AB(C+\overline{C}) + \overline{A}C(B+\overline{B}) = ABC + AB\overline{C} + \overline{A}BC + \overline{A}\,\overline{B}C$

$= m_7 + m_6 + m_3 + m_1$

为了简化，也可用最小项下标编号来表示最小项，故上式也可写为

$L(A,B,C) = \sum m(1,3,6,7)$

要把非“与—或表达式”的逻辑函数变换成最小项表达式，应先将其变成“与—或表达式”再转换。式中有很长的非号时，先把非号去掉。

例 14：求函数的 $F(A,B,C) = \overline{A+\overline{B}} + \overline{A}\,\overline{B}C$ 最小项之和表达式。

解：

$$\begin{aligned} F(A,B,C) &= \overline{A+\overline{B}} + \overline{A}\,\overline{B}C \\ &= \overline{A}B + \overline{A}\,\overline{B}C \\ &= \overline{A}B(C+\overline{C}) + \overline{A}\,\overline{B}C \\ &= \overline{A}BC + \overline{A}B\overline{C} + \overline{A}\,\overline{B}C \\ &= m_3 + m_2 + m_1 \\ &= \sum m(1,\ 2,\ 3) \end{aligned}$$

例 15：已知函数的真值表如表 2-7 所示，写出该函数的标准积之和表达式。

解：从真值表找出 F 为 1 的对应最小项，然后将这些项逻辑加

$$\begin{aligned} &F(A,B,C) \\ &= \overline{A}BC + A\overline{B}C + AB\overline{C} + ABC \\ &= m_3 + m_5 + m_6 + m_7 \\ &= \sum m(3,5,\ 6,7) \end{aligned}$$

表 2-7　　例 5 真值表

A B C	m_i	*F*
0 0 0	0	0
0 0 1	1	0
0 1 0	2	0
0 1 1	3	1
1 0 0	4	0
1 0 1	5	1
1 1 0	6	1
1 1 1	7	1

3. 卡诺图

（1）相邻最小项

如果两个最小项中只有一个变量不同，则称这两个最小项为逻辑相邻，简称相邻项。

如果两个相邻最小项出现在同一个逻辑函数中，可以合并为一项，同时消去互为反变量的那个量。如

$$ABC + A\overline{B}C = AC(B+\overline{B}) = AC$$

可见，利用相邻项的合并可以进行逻辑函数化简。有没有办法能够更直观地看出各最小项之间的相邻性呢？有，这就是卡诺图。

卡诺图是用小方格来表示最小项，一个小方格代表一个最小项，然后将这些最小项按照相邻性排列起来。即用小方格几何位置上的相邻性来表示最小项逻辑上的相邻性。卡诺图实际上是真值表的一种变形，一个逻辑函数的真值表有多少行，卡诺图就有多少个小方

格。所不同的是真值表中的最小项是按照二进制加法规律排列的，而卡诺图中的最小项则是按照相邻性排列的。

（2）卡诺图的结构

① 二变量卡诺图如图 2-9 所示。

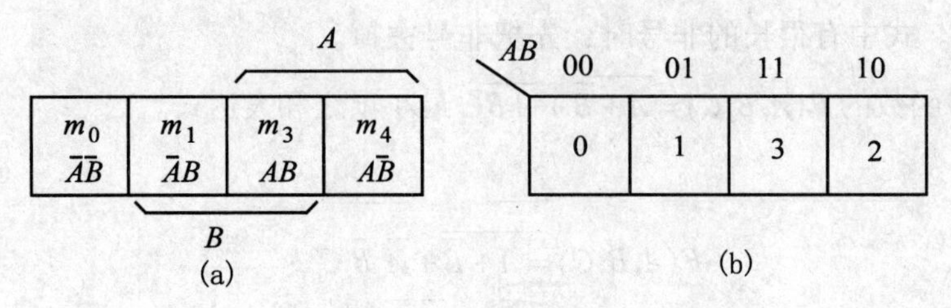

图 2-9　二变量卡诺图

② 三变量卡诺图如图 2-10 所示。

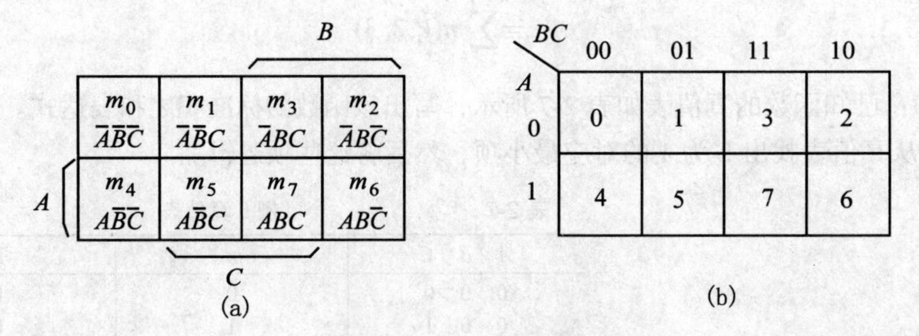

图 2-10　三变量卡诺图

③四变量卡诺图如图 2-11 所示。

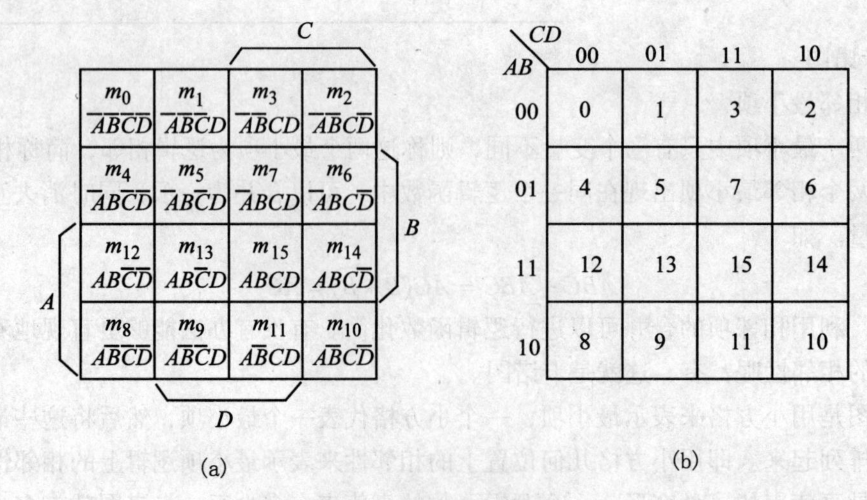

图 2-11　四变量卡诺图

仔细观察可以发现，卡诺图具有很强的相邻性。

首先是直观相邻性，只要小方格在几何位置上相邻（不管上下左右），它代表的最小项在逻辑上一定是相邻的。

其次是对边相邻性，即与中心轴对称的左右两边和上下两边的小方格也具有相邻性。

4. 用卡诺图表示逻辑函数

（1）从真值表到卡诺图

例 16：某逻辑函数的真值表如表 2-8 所示，用卡诺图表示该逻辑函数。

表 2-8　　真值表

A	*B*	*C*	*L*
0	0	0	0
0	0	1	0
0	1	0	0
0	1	1	1
1	0	0	0
1	0	1	1
1	1	0	1
1	1	1	1

解：该函数为三变量，先画出三变量卡诺图，然后根据表 2-8 将 8 个最小项 L 的取值 0 或者 1 填入卡诺图中对应的 8 个小方格中即可，如图 2-12 所示。

（2）从逻辑表达式到卡诺图

① 如果逻辑表达式为最小项表达式，则只要将函数式中出现的最小项在卡诺图对应的小方格中填入 1，没出现的最小项则在卡诺图对应的小方格中填入 0。

例 17：用卡诺图表示逻辑函数 $F=\overline{A}\,\overline{B}\,\overline{C}+\overline{A}BC+AB\overline{C}+ABC$

解：该函数为三变量，且为最小项表达式，写成简化形式 $F=m_0+m_3+m_6+m_7$ 然后画出三变量卡诺图，将卡诺图中 m_0、m_3、m_6、m_7 对应的小方格填 1，其他小方格填 0，如图 2-13 所示。

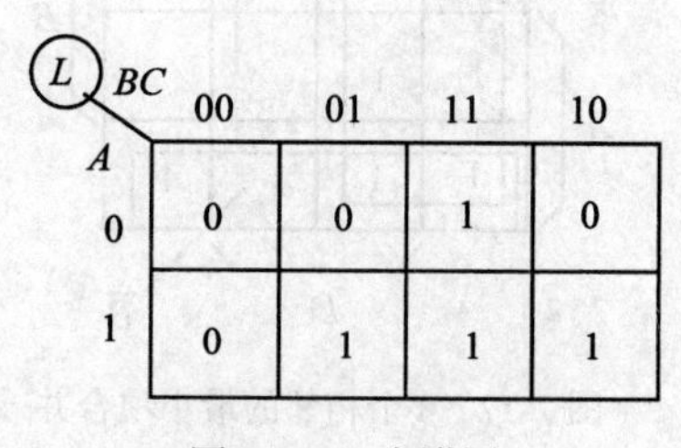

图 2-12　卡诺图

A \ *BC*	00	01	11	10
0	1	0	1	0
1	0	0	1	1

图 2-13　卡诺图

② 如果逻辑表达式不是最小项表达式，但是"与—或表达式"，可将其先化成最小项表达式，再填入卡诺图。也可直接填入，直接填入的具体方法是：分别找出每一个与项所包含的所有小方格，全部填入 1。

例 18：用卡诺图表示逻辑函数 $G=A\overline{B}+B\overline{C}D$。

解：如图 2-14 所示。

③ 如果逻辑表达式不是“与—或表达式”，可先将其化成“与—或表达式”再填入卡诺图。

5. 逻辑函数的卡诺图化简法

（1）卡诺图化简逻辑函数的原理

① 2 个相邻的最小项结合（用一个包围圈表示），可以消去 1 个取值不同的变量而合并为1项，如图 2-15 所示。

② 4 个相邻的最小项结合（用一个包围圈表示），可以消去 2 个取值不同的变量而合并为1项，如图 2-16 所示。

③ 8 个相邻的最小项结合（用一个包围圈表示），可以消去 3 个取值不同的变量而合并为1项，如图 2-17 所示。

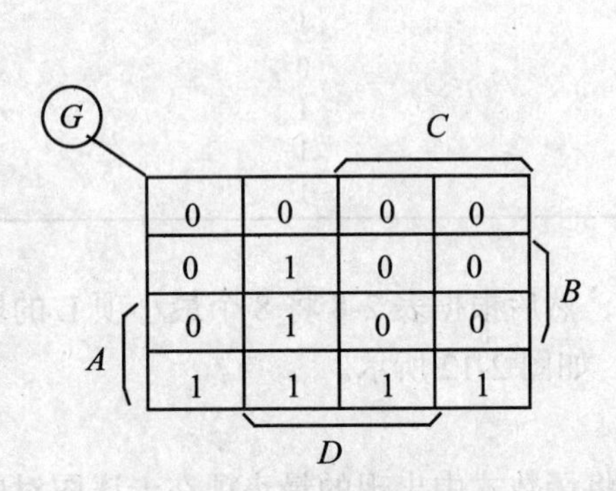

图 2-14 卡诺图

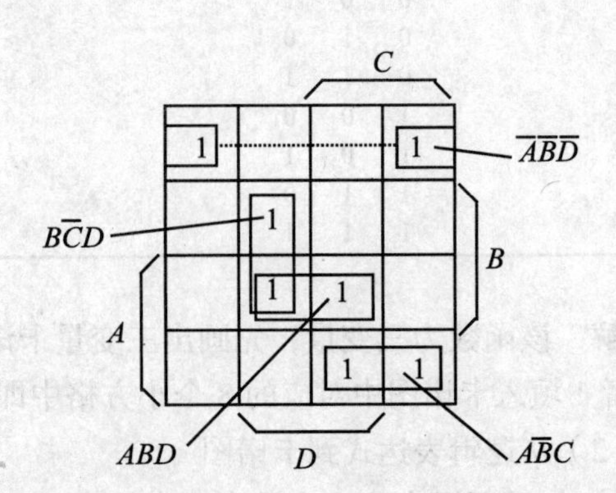

图 2-15 2 个相邻的最小项合并

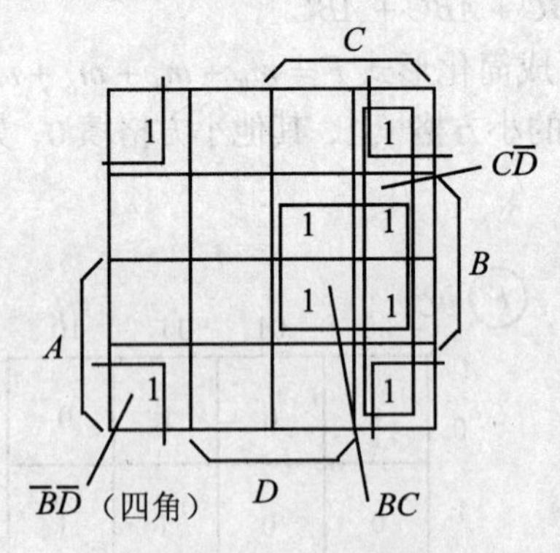

图 2-16 4 个相邻的最小项合并

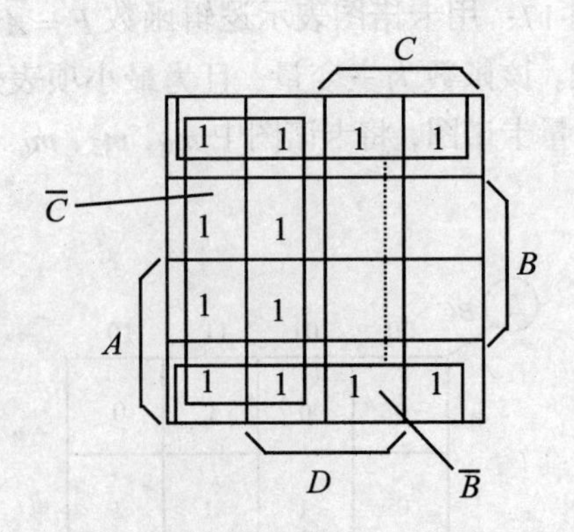

图 2-17 8 个相邻的最小项合并

总之，2^n 个相邻的最小项结合，可以消去 n 个取值不同的变量而合并为 1 项。

（2）用卡诺图合并最小项的原则

用卡诺图化简逻辑函数，就是在卡诺图中找相邻的最小项，即画圈。为了保证将逻辑函数化到最简，画圈时必须遵循以下原则。

① 圈要尽可能大，这样消去的变量就多。但每个圈内只能含有 2^n（$n = 0,1,2,3\cdots\cdots$）个相邻项。要特别注意对边相邻性和四角相邻性。

② 圈的个数尽量少，这样化简后的逻辑函数的与项就少。

③ 卡诺图中所有取值为 1 的方格均要被圈过，即不能漏下取值为 1 的最小项。

④ 取值为 1 的方格可以被重复圈在不同的包围圈中,但在新画的包围圈中至少要含有 1 个末被圈过的 1 方格，否则该包围圈是多余的。

（3）用卡诺图化简逻辑函数的步骤

① 画出逻辑函数的卡诺图。

② 合并相邻的最小项，即根据前述原则画圈。

③ 写出化简后的表达式。每一个圈写一个最简与项，规则是，取值为 1 的变量用原变量表示，取值为 0 的变量用反变量表示，将这些变量相与。然后将所有与项进行逻辑加，即得最简与—或表达式。

例 19：用卡诺图化简逻辑函数。

$L(A,B,C,D) = \sum m(0,2,3,4,6,7,10,11,13,14,15)$

解：（1）由表达式画出卡诺图，如图 2-18 所示。

（2）画包围圈合并最小项，得简化的与—或表达式。

$L = C + \overline{A}\,\overline{D} + ABD$

注意图中的包围圈 $\overline{A}\,\overline{D}$ 是利用了对边相邻性。

例 20：用卡诺图化简逻辑函数：$F = AD + \overline{A}\,\overline{B}\,\overline{D} + \overline{A}\,\overline{B}\,\overline{C}\,\overline{D} + \overline{A}\,\overline{B}\,C\overline{D}$

解：（1）由表达式画出卡诺图如图 2-19 所示。

（2）画包围圈合并最小项，得简化的与—或表达式。

$$F = AD + \overline{B}\,\overline{D}$$

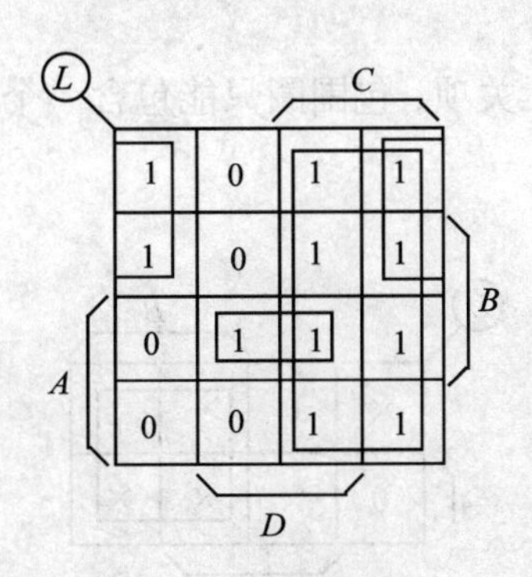

图 2-18　例 19 卡诺图

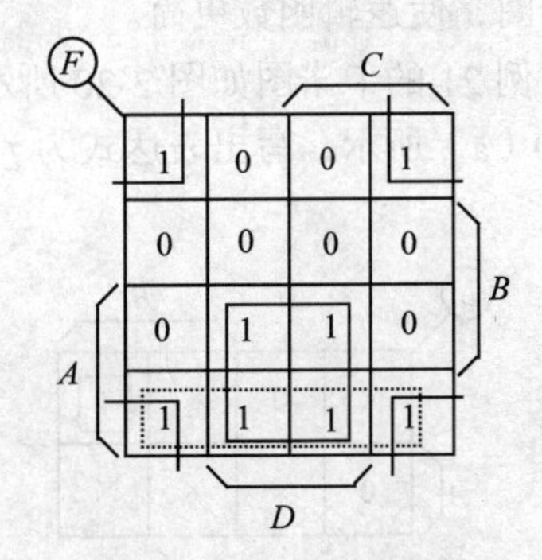

图 2-19　例 20 卡诺图

注意：图中的圈是多余的，应去掉；图中的包围圈 $\overline{B}\,\overline{D}$ 是利用了四角相邻性。

6. 具有无关项的逻辑函数的化简

（1）什么是无关项

例 21：在十字路口有红绿黄三色交通信号灯，规定红灯亮停，绿灯亮行，黄灯亮等一等，试分析车行与三色信号灯之间逻辑关系。

解：设红、绿、黄灯分别用 A、B、C 表示，且灯亮为 1，灯灭为 0。车用 L 表示，车行 $L = 1$，车停 $L = 0$。列出该函数的真值表如表 2-9 所示。

表 2-9　　　　真值表

红灯 A	绿灯 B	黄灯 C	车 L
0	0	0	×
0	0	1	0
0	1	0	1
0	1	1	×
1	0	0	0
1	0	1	×
1	1	0	×
1	1	1	×

显而易见，在这个函数中，有 5 个最小项是不会出现的，如 $\overline{A}\,\overline{B}\,\overline{C}$（三个灯都不亮）、$AB\overline{C}$（红灯绿灯同时亮）等。因为一个正常的交通灯系统不可能出现这些情况，如果出现了，车可以行也可以停，即逻辑值任意。

无关项就是在有些逻辑函数中，输入变量的某些取值组合不会出现，或者一旦出现，逻辑值可以是任意的。这样的取值组合所对应的最小项称为无关项、任意项或约束项，在卡诺图中用符号 × 来表示其逻辑值。

带有无关项的逻辑函数的最小项表达式为

$$L=\sum m(\quad)+\sum d(\quad)$$

如本例函数可写成 $L=\sum m(2)+\sum d(0,3,5,6,7)$。

（2）具有无关项的逻辑函数的化简

化简具有无关项的逻辑函数时，要充分利用无关项可以当 0 也可以当 1 的特点，尽量扩大卡诺圈，使逻辑函数更简。

画出例 21 的卡诺图如图 2-20 所示，如果不考虑无关项，包围圈只能包含一个最小项，如图 2-20（a）所示，写出表达式为 $L=\overline{A}B\overline{C}$。

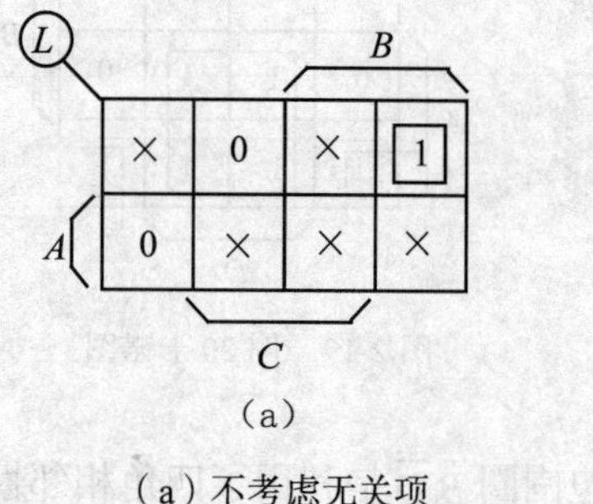

（a）
（a）不考虑无关项

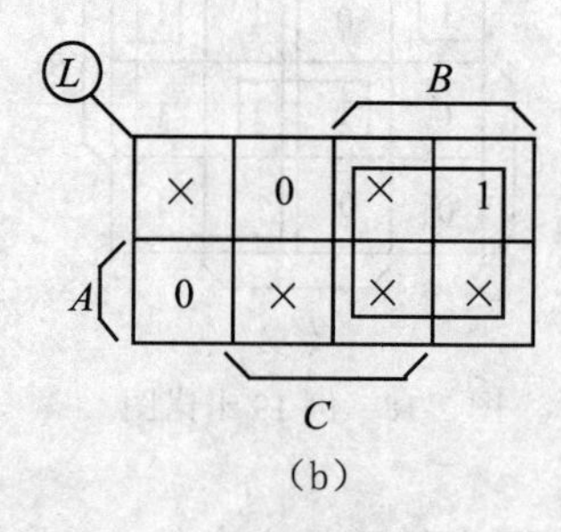

（b）
（b）考虑无关项

图 2-20　例 21 的卡诺图

如果把与它相邻的三个无关项当作 1，则包围圈可包含 4 个最小项，如图 2-20（b）所示，写出表达式为 $L=B$，其含义为：只要绿灯亮，车就行。

注意，在考虑无关项时，哪些无关项当作 1，哪些无关项当作 0，要以尽量扩大卡诺圈、减少圈的个数，使逻辑函数更简为原则。

卡诺图化简法的优点是简单、直观，有一定的化简步骤可循，不易出错，且容易化到最简。但是在逻辑变量超过 5 个时，就失去了简单、直观的优点，其实用意义大打折扣。

本章小结

逻辑代数是按一定的逻辑关系进行运算的代数，也称布尔代数。在逻辑代数中，只有 0 和 1 两种逻辑值，有与、或、非三种基本逻辑运算，还有与或、与非、与或非、异或几种导出逻辑运算。

根据三种基本逻辑运算，可推导出一些基本公式和定律，形成了一些运算规则。其中包括 0-1 律，重叠律，互补律、还原律、交换律、结合律、分配律、反演律、吸收律九大定律和代入规则、对偶规则、反演规则。

利用逻辑代数，可以把一个电路的逻辑关系抽象为数学表达式，并且可以用逻辑运算的方法，解决逻辑电路的一些分析和设计问题。逻辑代数有五种表示方法：真值表、表达式、逻辑图、波形图和卡诺图，它们之间可以互相转换。

经化简的逻辑函数所生成的逻辑电路简单且性能相应提高。逻辑函数的化简有两种方法，即公式化简法和卡诺图化简法，其中卡诺图化简法在逻辑电路工程中常常被使用。

思考练习题

1. 逻辑代数中的三种基本逻辑运算是什么？写出它们的逻辑表达式，画出它们的逻辑符号。

2. 逻辑代数中的常用复合逻辑运算是什么？写出它们的逻辑表达式并画出它们的逻辑符号。

3. 简述常用公式和基本定律在逻辑函数化简中有什么作用？

4. 求逻辑函数的反函数有哪几种方法？

5. 利用反演规则和对偶规则进行变换时，应注意哪些问题？

6. 真值表的定义是什么？举例说明根据真值表写逻辑函数标准与—或表达式和标准或—与表达式的方法。

7. 最小项和最大项的定义是什么？它们有哪些性质？

8. 常见逻辑函数有哪几种表示方法？

9. 最简与—或表达式的标准是什么？化简逻辑函数有什么实际意义？

10. 逻辑函数式有哪几种表示形式？

11. 用公式化简法化简逻辑函数的常用方法有哪几种？

12. 什么是相邻项？它有哪些特性？

13. 试说明根据与-或表达式直接填卡诺图的方法。

14. 在卡诺图中，循环相邻是什么含义？在几何位置上有哪些特点？

15. 用卡诺图化简逻辑函数时，画包围圈的原则是什么？

16. 用卡诺图化简逻辑函数时，一个包围圈能包围 6 个 1 方格吗？为什么？

17. 什么是约束项？什么是任意项？什么是无关项？

18. 用卡诺图化简逻辑函数时，圈 0 和圈 1 得出的表达式有什么不同？

19. 简述根据真值表写最小项表达式和最大项表达式的方法。

20. 在卡诺图中，利用无关项化简逻辑函数时，是否每一个无关项方格都要被圈？为什么？

21. 试分析如题图 2-1 所示逻辑电路，写出逻辑表达式和真值表，表达式化简后再画出新的逻辑图。

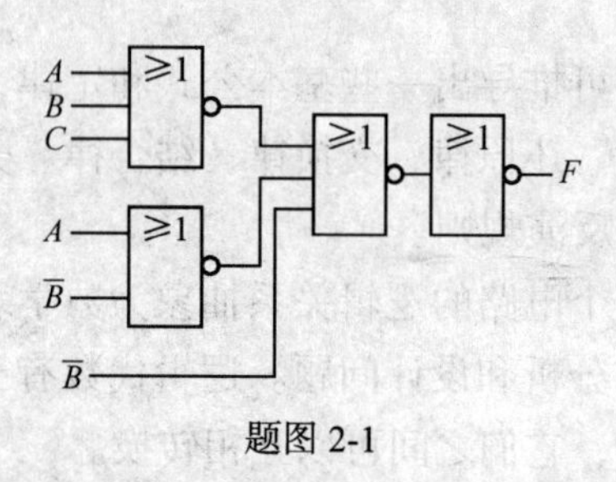

题图 2-1

22. 指出下列逻辑函数式中 A、B、C 取哪些值时，$F=1$。

（1）$F(A,B,C)=AB+\bar{A}C$

（2）$F(A,B,C)=\bar{A}B+ABC+\bar{A}B\bar{C}$

23. 用公式法化简下列函数，使之为最简与或式。

（1）$F=AB+\bar{A}C+\bar{B}C+A\bar{B}CD$

（2）$F=(A+B)A\bar{B}$

（3）$F=\overline{AC+\bar{A}BC+\bar{B}C}+AB\bar{C}$

（4）$F=A\bar{B}(C+D)+B\bar{C}+\bar{A}\,\bar{B}+\bar{A}C+BC+\bar{B}\,\bar{C}\,\bar{D}$

（5）$F=\overline{(A+\bar{B}C)(\bar{A}+\bar{D}E)}$

24. 画出逻辑函数 $F=\bar{A}B+\bar{B}(A\oplus C)$ 的实现电路。

25. 有三个输入信号 A、B、C，若三个同时为 0 或只有两个信号同时为 1 时，输出 F 为 1，否则 F 为 0，列出其真值表。

26. 用真值表证明下列等式

（1）$\overline{A+B}=\bar{A}\,\bar{B}$

（2）$A\bar{B}+\bar{A}B=(\bar{A}+\bar{B})(A+B)$

27. 直接根据对偶规则和反演规则，写出下列逻辑函数的对偶函数和反函数。

（1）$F=\bar{A}+\overline{\bar{B}C+\bar{A}(B+C\bar{D})}$

（2）$F=\bar{A}\,\bar{B}+BC+A\bar{C}$

（3）$F=(\bar{A}+\bar{B})\overline{(B+C)(A+\bar{C})}$

（4）$F=\bar{A}B(\overline{\bar{C}+\bar{B}C})+A(B+\bar{C})$

28. 判断下列命题是否正确

（1）已知逻辑函数 $A+B=A+C$，则 $B=C$。

（2）已知逻辑函数 $A+B=AB$，则 $A=B$。

（3）已知逻辑函数 $AB=AC$，则 $B=C$。

（4）已知逻辑函数 $A+B=A+C$，$AB=AC$，则 $B=C$。

29. 用卡诺图化简下列函数，并写出最简与或表达式。

（1）$F(A,B,C,D)=\overline{A}\,\overline{B}C+A\overline{B}D+ABC+\overline{B}D+\overline{A}\,\overline{B}\,\overline{C}\,\overline{D}$

（2）$F(A,B,C)=AC+\overline{BC}+AB\overline{C}$

（3）$F(A,B,C,D)=\sum m$（0，2，3，7）

（4）$F(A,B,C,D)=\sum m$（1，2，4，6，10，12，13，14）

（5）$F(A,B,C,D)=\sum m$（0，1，4，5，6，7，9，10，13，14，15）

（6）$F(A,B,C,D)=\sum m$（0，2，4，7，8，10，12，13）

（7）$F(A,B,C,D)=\sum m$（1，3，4，7，13，14）$+\sum d$（2，5，12，15）

（8）$F(A,B,C,D)=\sum m$（0，1，12，13，14）$+\sum d$（6，7，15）

（9）$F(A,B,C,D)=\sum m$（0，1，4，7，9，10，13）$+\sum d$（2，5，8，12，15）

（10）$F(A,B,C,D)=\sum m$（0，2，7，13，15）且 $\overline{A}B\overline{C}+\overline{A}B\overline{D}+\overline{A}\,\overline{B}D=0$

第3章 逻辑门电路

本章要点

1. 熟悉二极管、三极管的开关特性，掌握三极管导通、截止条件；
2. 熟悉 OC 门和 TTL 三态门的工作原理及有关的逻辑概念；
3. 了解分立元件与门、或门、非门及与非门、或非门的工作原理和逻辑功能；
4. 了解 TTL 集成门电路的结构、工作原理和外部特性。

3.1 门电路的功能与特性

能够实现各种基本逻辑关系的电路称为门电路。二值逻辑变量 1 和 0 在电路中是两种截然相反的状态，靠二极管、三极管开关的闭合和断开来控制和实现的，所以门电路也称开关电路。

数字电路中的晶体二极管、三极管和 MOS 管工作在开关状态。

导通状态：相当于开关闭合。

截止状态：相当于开关断开。

半导体二极管、三极管和 MOS 管则是构成这种电子开关的基本开关元件。

1. 理想开关的开关特性

（1）静态特性

断开时，开关两端的电压不管多大，等效电阻 R=无穷，电流 $I=0$。

闭合时，流过其中的电流不管多大，等效电阻 R=0，电压 $U=0$。

（2）动态特性

开通时间 $t_{on}=0$

关断时间 $t_{off}=0$

客观世界中，没有理想开关。开关、继电器、接触器等的静态特性十分接近理想开关，但动态特性很差，无法满足数字电路一秒钟开关几百万次乃至数千万次的需要。

半导体二极管、三极管和 MOS 管作为开关使用时，其静态特性不如机械开关，但动态特性很好。

2. 关于高低电平的概念及状态赋值

（1）关于高低电平的概念

电位，指绝对电压的大小，电平是指一定的电压范围。

高电平和低电平：在数字电路中分别表示两段电压范围。

例如，二极管与门电路中规定高电平为≥3V，低电平≤0.7V。又如，TTL 电路中，通常规定高电平的额定值为 3V，但 2V～5V 都算高电平；低电平的额定值为 0.3V，但 0V～0.8V 都算作低电平。

（2）逻辑状态赋值

在数字电路中，用逻辑 0 和逻辑 1 分别表示输入、输出低电平和高电平称为逻辑赋值。经过逻辑赋值之后可以得到逻辑电路的真值表，便于进行逻辑分析。

3.1.1　二极管的开关特性

二极管的开关特性如图 3-1 所示。

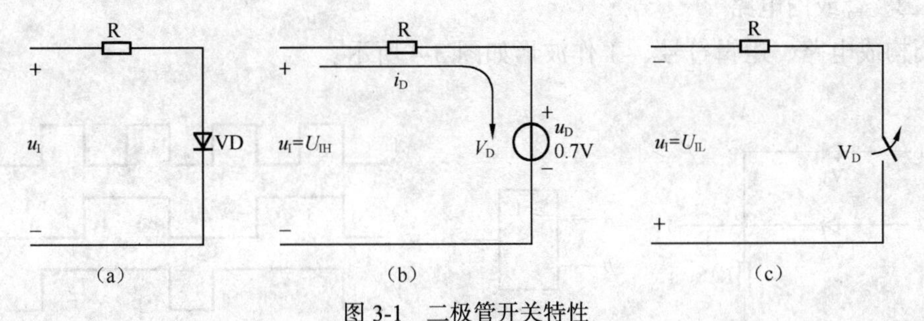

图 3-1　二极管开关特性

二极管导电特性：正向导通，反向截止，如图 3-2 所示。

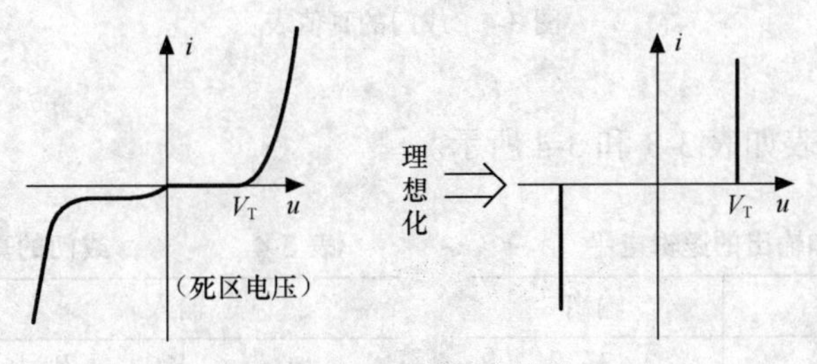

图 3-2　二极管导电特性

3.1.2　二极管门电路

1. 二极管与门电路

与门构成电路、逻辑符号、工作波形如图 3-3 所示。

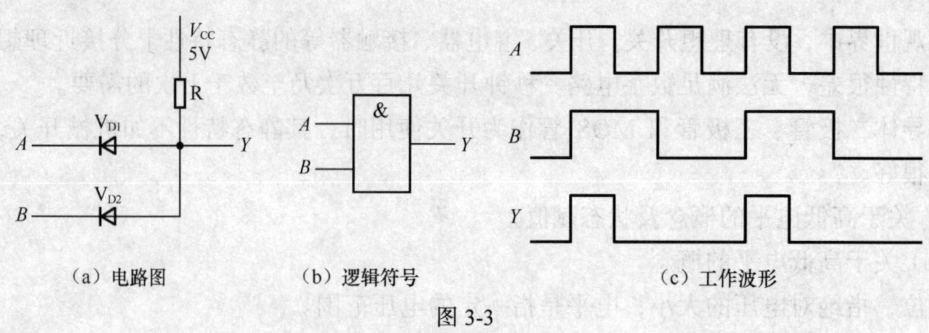

（a）电路图　（b）逻辑符号　（c）工作波形

图 3-3

逻辑电平和真值表现如表 3-1 和 3-2 所示。

表 3-1　与门输入和输出的逻辑电平

输入		输出
A	*B*	*F*
0V	0V	0V
0V	4V	0V
4V	0V	0V
4V	4V	4V

表 3-2　与门的真值表

输入		输出
A	*B*	*F*
0	0	0
0	1	0
1	0	0
1	1	1

$$Y = A\square B$$

2. 二极管或门电路

或门构成电路、逻辑符号、工作波形如图 3-4 所示。

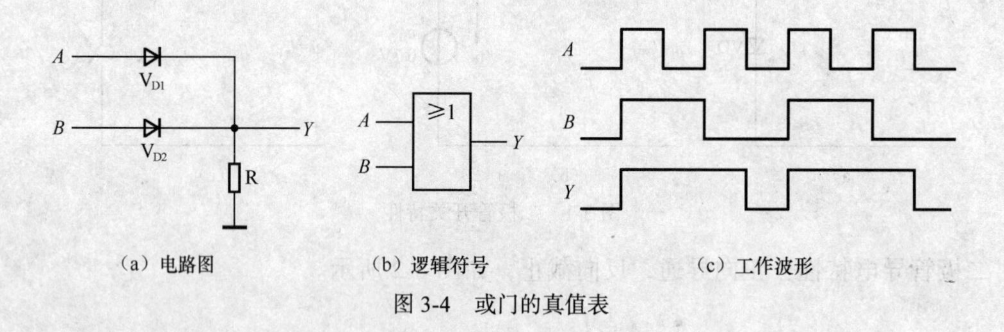

（a）电路图　（b）逻辑符号　（c）工作波形

图 3-4　或门的真值表

逻辑电平和直值表如表 3-3 和 3-4 所示。

表 3-3　或门输入和输出的逻辑电平

输入		输出
U_A	U_B	U_F
0V	0V	0V
0V	4V	3.3V
4V	0V	3.3V
4V	4V	4.3V

表 3-4　或门的真值表

输入		输出
A	*B*	*F*
0	0	0
0	1	1
1	0	1
1	1	1

$$Y = A + B$$

3.1.3 三极管的开关特性

在数字电路中，三极管是作为一个开关来使用的，它不允许工作在放大状态，而只能工作在饱和导通状态（又称饱和状态）或截止状态。

（1）截止。

当输入 $U_I=U_{IL}=0.3V$ 时，基射间的电压 u_{be} 小于其门限电压 Uth（0.5V），三极管截止，电流 $i_B\approx0$，电流 $i_C\approx0$。因此为了使三极管能可靠截止，应使发射结处于反偏，因此，三极管的可靠截止条件为：$u_{be}\leqslant0V$。三极管截止时，E、B、C 三个极互为开路。

（2）饱和。

当输入 $U_I=U_H$ 时，使三极管工作在临界饱和状态，当三极管饱和时，$U_{CE(SAT)}\approx0.3V$ 达到最小。C、B、E 为连通。

3.1.4 三极管的非门电路

非门构成电路、逻辑符号、工作波形如图 3-5 所示。非门输入输出的逻辑电平和真值表分别见表 3-5 和表 3-6。

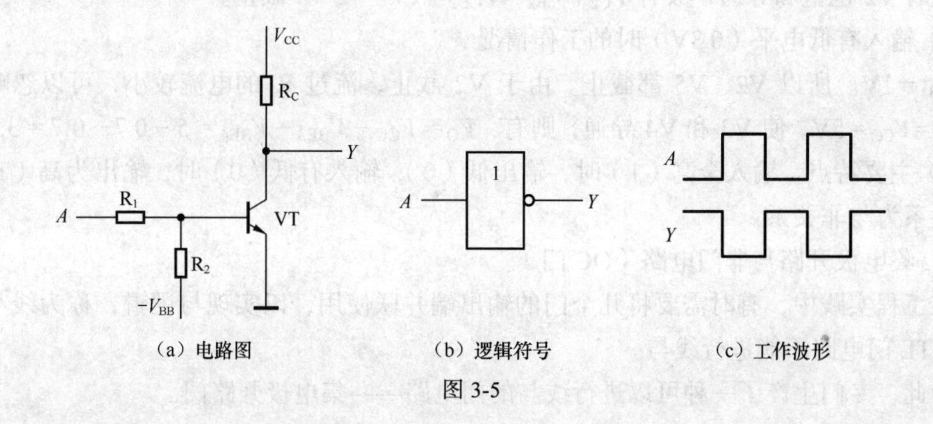

（a）电路图　（b）逻辑符号　（c）工作波形

图 3-5

表 3-5 非门输入和输出的逻辑电平

输入 U_A	输出 U_Y
0V	5V
5V	0.3V

⇨

表 3-6 非门的真值表

输入 A	输出 Y
0	1
1	0

$$Y=\overline{A}$$

3.2 TTL 集成门电路

1. TTL 与非门

（1）电路结构，如图 3-6 所示。

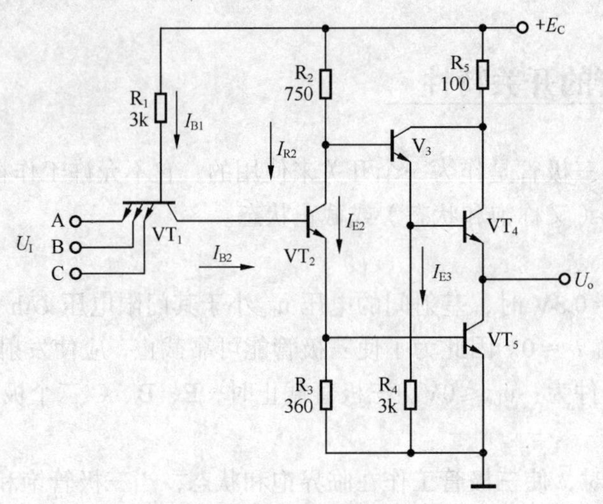

图 3-6　TTL 与非门

（2）工作原理。

① 输入全为高电平（3.6V）时的工作情况。

V2、V3 导通，$V_{B1}=0.7\times3=2.1$（V），由于 V5 饱和导通，输出电压为：$V_O=V_{CES5}\approx$ 0.3V。

这时 V2 也饱和导通，故有 $V_{C2}=V_{E2}+V_{CE2}=1$V。使 T4 截止。

② 输入有低电平（0.3V）时的工作情况

$V_{B1}=1$V。所以 V2、V5 都截止。由于 V2 截止，流过 R_2 的电流较小，可以忽略，所以 $V_{B3}\approx V_{CC}=5$V，使 V3 和 V4 导通，则有：$V_O\approx V_{CC}-V_{BE3}-V_{BE4}=5-0.7-0.7=3.6$（V）

③ 主要特点。输入全高（1）时，输出低（0）；输入有低（0）时，输出为高（1），其逻辑关系为与非关系。

2. 集电极开路与非门电路（OC 门）

在工程实践中，有时需要将几个门的输出端并联使用，以实现与逻辑，称为线与。普通的 TTL 门电路不能进行线与。

为此，专门生产了一种可以进行线与的门电路——集电极开路门。

（1）电路结构如图 3-7 所示。

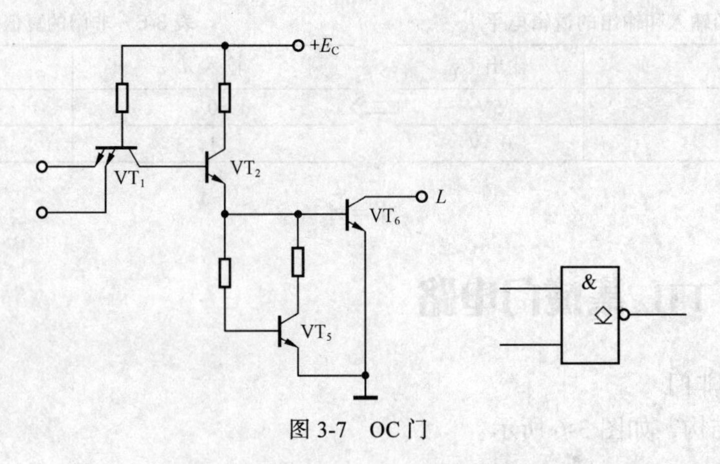

图 3-7　OC 门

（2）工作原理。

当输入都为高电平时，V_2 和 V_6 饱和导通，输出低电平；当输入中有低电平时，V_2 和 V_6 截止，输出高电平。因此，OC 门具有与非功能。

（3）OC 门应用。

① 实现线与。

电路如图 3-8 所示，逻辑关系为：$Y = \overline{AB} \cdot \overline{CD}$。

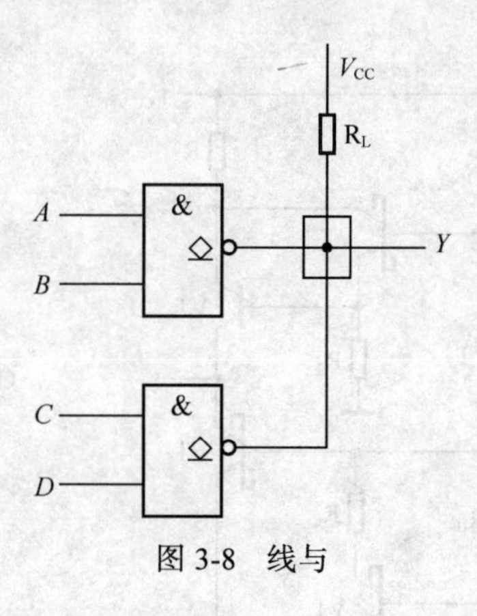

图 3-8　线与

由上式可以看出，两个或多个 OC 门的输出信号在输出端直接相与的逻辑功能称为线与。非 OC 门不能进行线与，否则可能致使电路损坏。

② 实现电平转换。

如图 3-9 所示，可使输出高电平变为 V_{CC}。

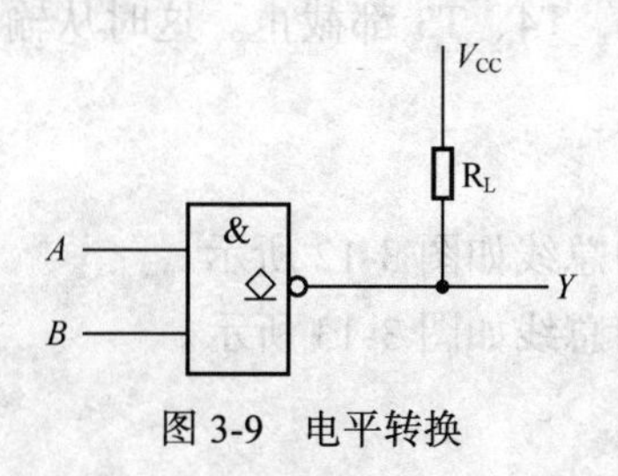

图 3-9　电平转换

③ 驱动显示器。

该电路只有在输入都为高电平时，输出才为低电平，发光二极管导通发光，否则，输出高电平，二极管熄灭，如图 3-10 所示。

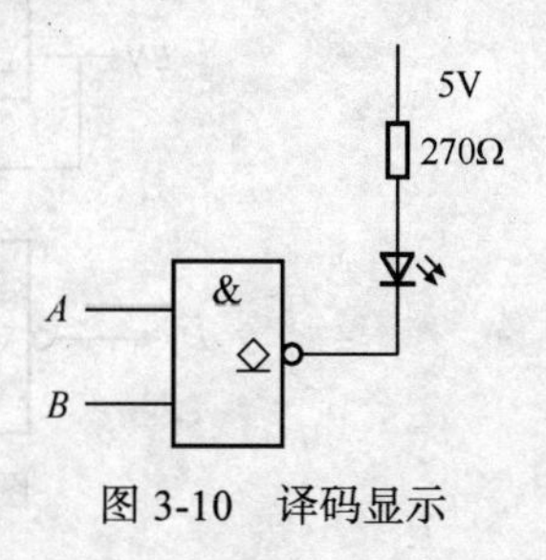

图 3-10　译码显示

3．三态输出门

三态输出与非门（又称三态电路，三态门）的输出有三种状态：高电平、低电平、高阻状态（或禁止状态）。

（1）电路结构如图 3-11 所示。

（2）工作原理。

当 $EN=0$ 时，G 输出为 1，D 截止，相当于一个正常的二输入端与非门，称为正常工作状态。

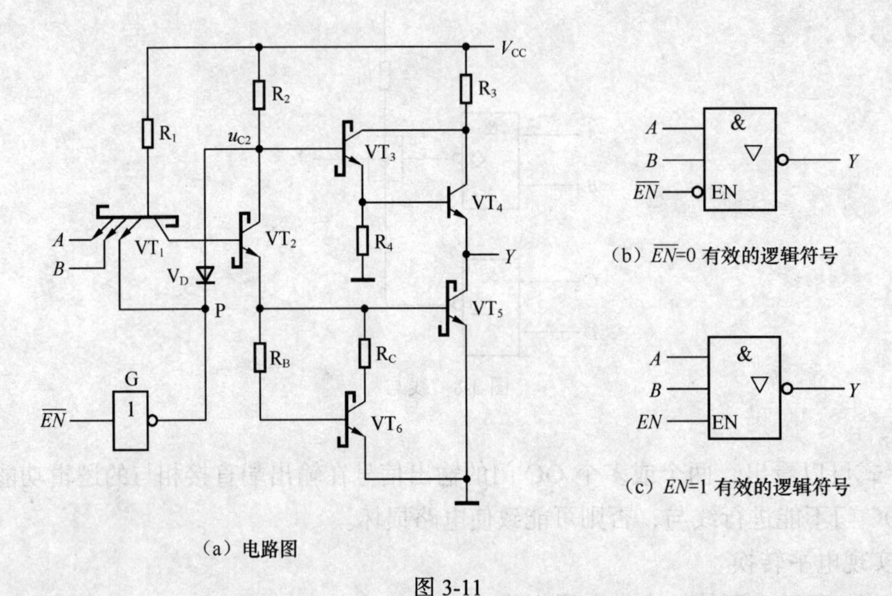

（a）电路图

（b）$\overline{EN}$=0 有效的逻辑符号

（c）EN=1 有效的逻辑符号

图 3-11

当 $EN=1$ 时，G 输出为 0，T4、T3 都截止。这时从输出端 L 看进去，呈现高阻，称为高阻态，或禁止态。

（3）三态门的应用。

① 用三态输出门构成单向总线如图 3-12 所示。

② 用三态输出门构成双向总线如图 3-13 所示。

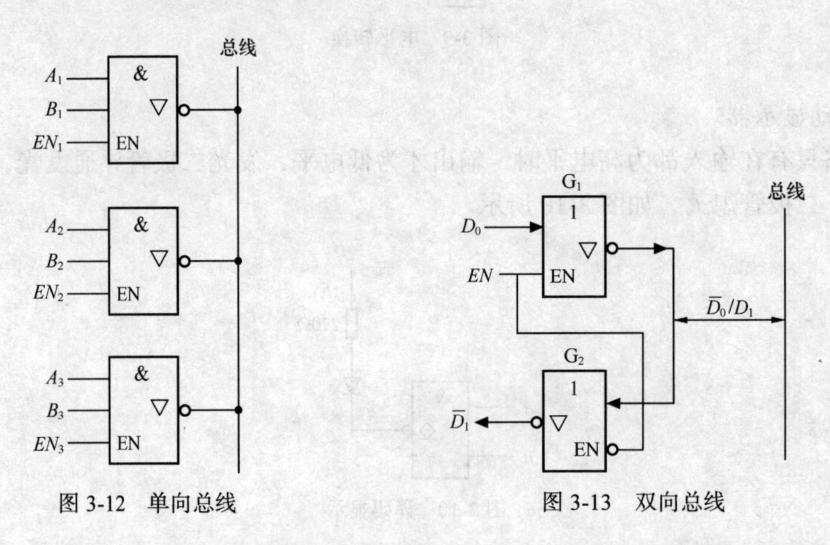

图 3-12　单向总线　　　图 3-13　双向总线

本章小结

目前普遍使用的数字集成门电路主要有两大类，一类由双极型三极管组成的集成门电路，简称 TTL 集成门电路；另一类由 MOSFET 构成的集成门电路，简称 CMOS 集成电路。

TTL 集成门电路的特点是速度高、抗干扰能力较强、带载能力也较强，但功耗较大。它除了有实现各种基本逻辑功能的门电路以外，还有集电极开路门和三态门。

MOS 集成电路的特点是结构简单、功耗小、输入阻抗高、集成度高、抗干扰能力强、电源范围宽，开关速度与 TTL 接近，已成为数字集成电路的发展方向。

为了更好地使用数字集成芯片，应熟悉 TTL 和 CMOS 各个系列产品的外部电气特性及主要参数，还应能正确处理多余输入端，能正确解决不同类型电路间的接口问题等。

思考练习题

1. 如题图 3-1 所示各门电路均为 74 系列 TTL 电路，分别指出电路的输出状态（高电平、低电平或高阻态）。

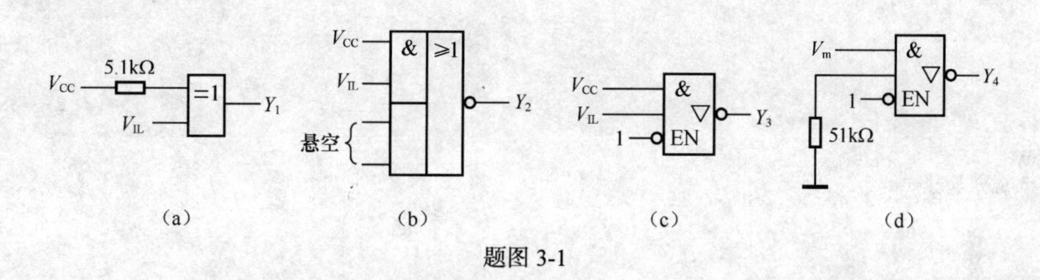

题图 3-1

2. 半导体二极管的开关条件是什么？导通和截止时各有什么特点？

3. 半导体三极管的开关条件是什么？饱和导通和截止时各有什么特点？

4. 利用 2 输入与非门组成非门、与门、或门、或非门和异或门，要求列出表达式并画出最简逻辑图。

5. 利用 74HC00（四 2 输入与非门）组成或门、或非门、异或门，要求列出表达式并画出其逻辑图和接线图。

6. 可否将与非门、或非门、异或门当做反相器使用？如果可以，其输入端应如何处理并画出电路图。

7. 下列门电路中，哪些可将输出端并联使用（输入端状态不一定相同）。

（1）普通具有推拉式输出级的 TTL 与非门

（2）TTL 电路的 OC 门

（3）TTL 电路的三态输出门

（4）CMOS 门

8. 有两个 TTL 与非门 G1 和 G2，测得它们的关门电平分别为：$U_{OFF1}=0.8V$，$U_{OFF2}=1.1V$；开门电平分别为：$U_{ON1}=1.9V$，$U_{ON2}=1.5V$。它们的输入高电平和低电平都相等，试判断哪个抗干扰能力强。

9. 试画出用 OC 门驱动发光二极管（LED）的电路图。

10. OC 门和三态门有什么特点？在使用中应注意什么？

实践篇

第4章 数码显示电路的分析与制作

4.1 项目描述

在我们日常生活中，经常需要对数码进行显示，如智力抢答竞赛中需要显示选手的编号、电子钟需要显示时间等。

本任务是采用数字集成电路制作的一个数码显示电路，要求如下。

① 数码显示电路供8名选手或8个代表队使用，允许多个输入信号，分别用8个按钮J1～J8表示。

② 具有显示功能。即选手按动按钮，并在数码管上显示。

4.2 教学目标

通过对数码显示电路的分析与制作，使学生掌握编码器、译码器的基本工作原理，能按要求进行电路的设计、装配、测试与调试，并能排除调试过程中出现的简单故障。

4.3 必备知识

为了完成本任务，我们主要学习组合逻辑电路的分析与制作。组合逻辑电路是数字电路中最简单的一类逻辑电路，其特点是功能上无记忆。即电路任一时刻的输出状态只决定于该时刻各输入状态的组合，而与电路的原状态无关。

4.3.1 组合逻辑电路的分析与设计

1. 组合逻辑电路的分析方法

组合逻辑电路的分析方法如图 4-1 所示。

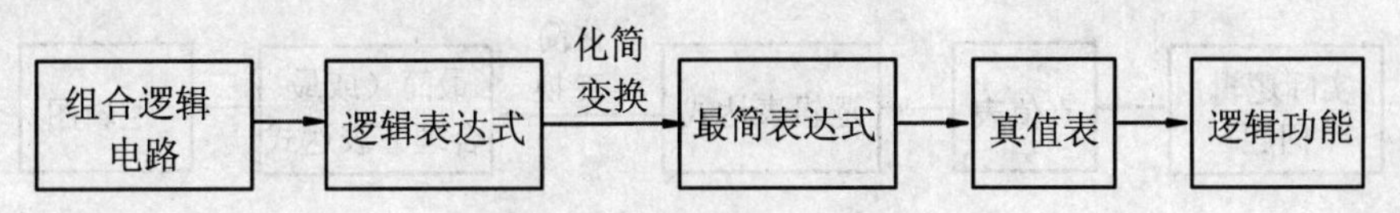

图 4-1　组合逻辑电路的分析方法

例 1：组合电路如图 4-2 所示，分析该电路的逻辑功能。

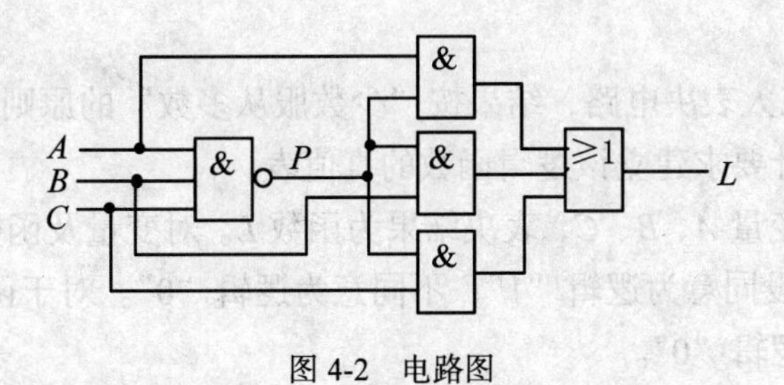

图 4-2　电路图

解：（1）由逻辑图逐级写出逻辑表达式。为了写表达式方便，借助中间变量 P。

$$P = \overline{ABC}$$
$$L = AP + BP + CP$$
$$= A\overline{ABC} + B\overline{ABC} + C\overline{ABC}$$

（2）化简与变换。因为下一步要列真值表，所以要通过化简与变换，使表达式有利于列真值表，一般应变换成与—或式或最小项表达式。

$$L = \overline{ABC}(A + B + C) = \overline{ABC + \overline{A + B + C}} = \overline{ABC + \overline{A}\,\overline{B}\,\overline{C}}$$

（3）由表达式列出真值表，见表 4-1。经过化简与变换的表达式为两个最小项之和的非，所以很容易列出真值表。

表 4-1　真值表

A	B	C	L
0	0	0	0
0	0	1	1
0	1	0	1
0	1	1	1
1	0	0	1
1	0	1	1
1	1	0	1
1	1	1	0

(4)分析逻辑功能。由真值表可知，当 A、B、C 三个变量不一致时，电路输出为“1”，所以这个电路称为“不一致电路”。上例中输出变量只有一个，对于多输出变量的组合逻辑电路，分析方法完全相同。

2. 组合逻辑电路的设计

组合逻辑电路的设计流程如图 4-3 所示。

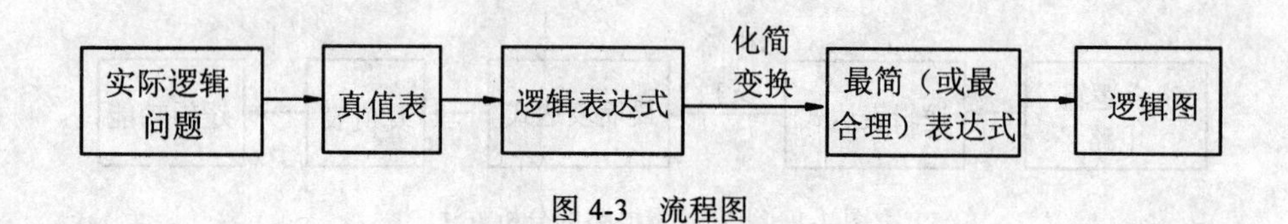

图 4-3 流程图

组合逻辑电路的设计一般应以电路简单、所用器件最少为目标，并尽量减少所用集成器件的种类，因此在设计过程中要用到前面介绍的代数法和卡诺图法来化简或转换逻辑函数。

例 2：设计一个三人表决电路，结果按“少数服从多数”的原则决定。

解：(1)根据设计要求建立该逻辑函数的真值表。

设三人的意见为变量 A、B、C，表决结果为函数 L。对变量及函数进行如下状态赋值：对于变量 A、B、C，设同意为逻辑“1”；不同意为逻辑“0”。对于函数 L，设事情通过为逻辑“1”；没通过为逻辑“0”。

列出真值表如表 4-2 所示。

表 4-2 **例 2 真值表**

A	B	C	L
0	0	0	0
0	0	1	0
0	1	0	0
0	1	1	1
1	0	0	0
1	0	1	1
1	1	0	1
1	1	1	1

(2)由真值表写出逻辑表达式：$L=\overline{A}BC+A\overline{B}C+AB\overline{C}+ABC$，该逻辑式不是最简。

(3)化简。由于卡诺图化简法较方便，故一般用卡诺图进行化简。将该逻辑函数填入卡诺图，如图 4-4 所示。合并最小项，得最简与—或表达式：$L=AB+BC+AC$。

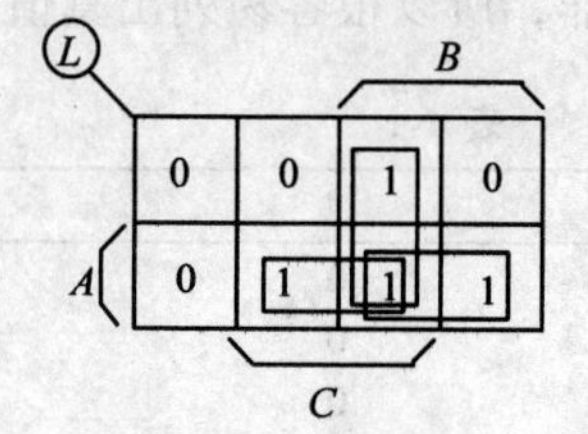

图 4-4 例 2 卡诺图

(4)画出逻辑图如图 4-5 所示。

如果要求用与非门实现该逻辑电路，就应将表达式转换成与非—与非表达式。

$$L=AB+BC+AC=\overline{\overline{AB}\cdot\overline{BC}\cdot\overline{AC}}$$

画出逻辑图如图 4-6 所示。

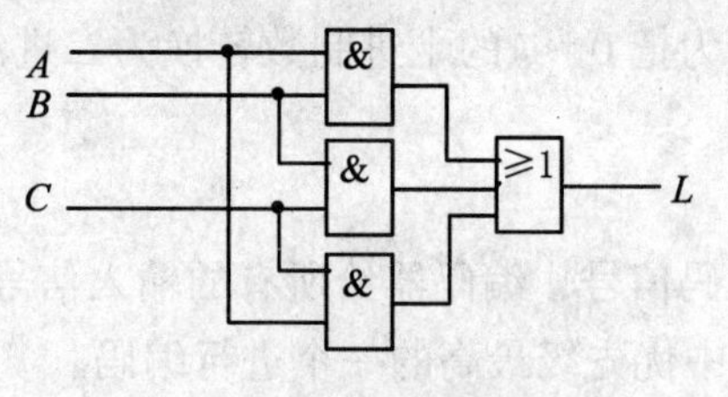

图 4-5　例 2 逻辑图

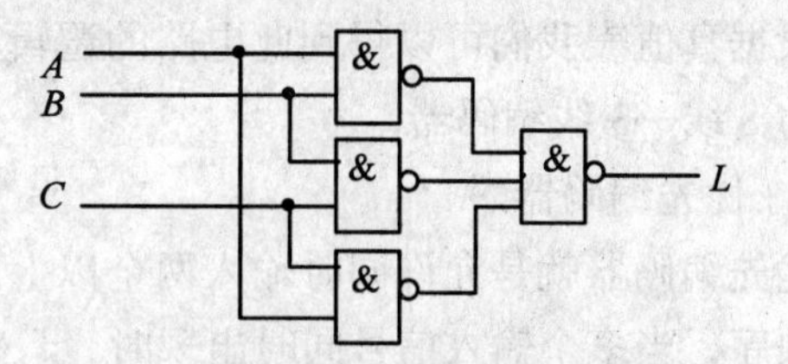

图 4-6　例 2 用与非门实现的逻辑图

4.3.2　编码器

1. 编码器的基本概念

所谓编码就是将字母、数字、符号等信息编成一组二进制代码。

2. 二进制编码器

用 n 位二进制代码对 2^n 个信号进行编码的电路称为二进制编码器。

例 3：3 位二进制编码器有 8 个输入端、3 个输出端，所以常称为 8 线—3 线编码器，电路图如图 4-7 所示，输入为高电平有效。

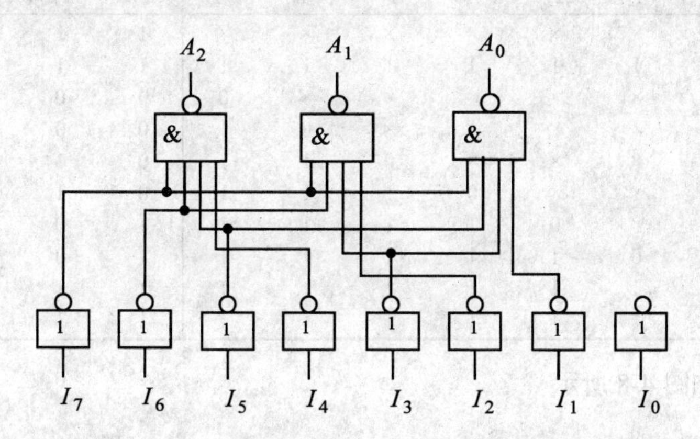

图 4-7　8 线—3 线编码器

则由电路图写出各输出的逻辑表达式为。

$$A_2 = \overline{\overline{I_4}\,\overline{I_5}\,\overline{I_6}\,\overline{I_7}} \qquad A_1 = \overline{\overline{I_2}\,\overline{I_3}\,\overline{I_6}\,\overline{I_7}} \qquad A_0 = \overline{\overline{I_1}\,\overline{I_3}\,\overline{I_5}\,\overline{I_7}}$$

由逻辑表达式得到真值表 4-3。

表 4-3　编码器真值表

输入								输出		
I_0	I_1	I_2	I_3	I_4	I_5	I_6	I_7	A_2	A_1	A_0
1	0	0	0	0	0	0	0	0	0	0
0	1	0	0	0	0	0	0	0	0	1
0	0	1	0	0	0	0	0	0	1	0
0	0	0	1	0	0	0	0	0	1	1
0	0	0	0	1	0	0	0	1	0	0
0	0	0	0	0	1	0	0	1	0	1
0	0	0	0	0	0	1	0	1	1	0
0	0	0	0	0	0	0	1	1	1	1

根据真值表我们可以得到此电路的逻辑功能为把 0～7 的十进制数转换为二进制数，故称之为 8 线—3 线编码器。

3. 优先编码器

优先编码器就是允许同时输入两个以上的编码信号，编码器给所有的输入信号规定了优先顺序，当多个输入信号同时出现时，只对其中优先级最高的一个进行编码。

74148 是一种常用的 8 线—3 线优先编码器。其功能如表 4-4 所示，其中 I_0～I_7 为编码输入端，低电平有效。A_0～A_2 为编码输出端，也为低电平有效，即反码输出，其他功能如下。

（1）EI 为使能输入端，低电平有效。

（2）优先顺序为 $I_7 \to I_0$，即 I_7 的优先级最高，然后是 I_6、I_5、…、I_0。

（3）GS 为编码器的工作标志，低电平有效。

（4）EO 为使能输出端，高电平有效。

表 4-4　74148 优先编码器真值表

输入									输出				
EI	I_0	I_1	I_2	I_3	I_4	I_5	I_6	I_7	A_2	A_1	A_0	*GS*	*EO*
1	×	×	×	×	×	×	×	×	1	1	1	1	1
0	1	1	1	1	1	1	1	1	1	1	1	1	0
0	×	×	×	×	×	×	×	0	0	0	0	0	1
0	×	×	×	×	×	×	0	1	0	0	1	0	1
0	×	×	×	×	×	0	1	1	0	1	0	0	1
0	×	×	×	×	0	1	1	1	0	1	1	0	1
0	×	×	×	0	1	1	1	1	1	0	0	0	1
0	×	×	0	1	1	1	1	1	1	0	1	0	1
0	×	0	1	1	1	1	1	1	1	1	0	0	1
0	0	1	1	1	1	1	1	1	1	1	1	0	1

芯片引脚图如图 4-8 所示

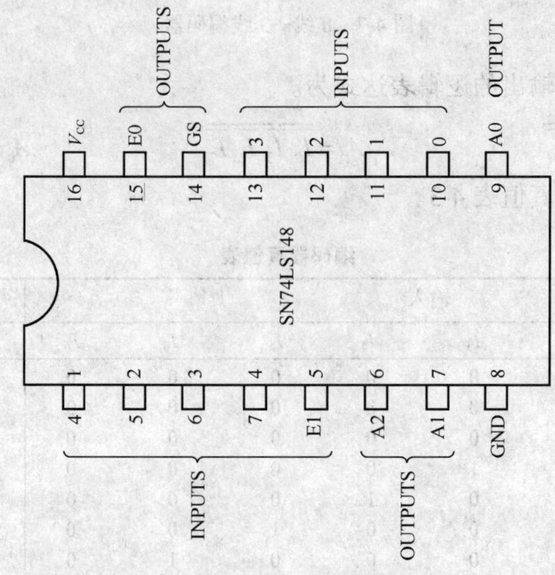

图 4-8　74LS148 优先编码器

那么我们要做的任务中，要使先按下抢答器的选手优先，故在电路中会用到优先编码器。

4.3.3　译码器

1．译码器的基本概念

译码器就是将输入代码转换成特定的输出信号。

假设译码器有 n 个输入信号和 N 个输出信号，如果 $N=2^n$，就称为全译码器，常见的全译码器有 2 线—4 线译码器、3 线—8 线译码器、4 线—16 线译码器等。如果 $N<2^n$，称为部分译码器，如二—十进制译码器（也称作 4 线—10 线译码器）等。

2．二进制译码器 74138

74138 是一种典型的二进制译码器，其逻辑图如图 4-9 所示。它有 3 个输入端 A_2、A_1、A_0，8 个输出端 Y_0～Y_7，所以常称为 3 线—8 线译码器，属于全译码器。输出为低电平有效，G_1、G_{2A} 和 G_{2B} 为使能输入端。功能表如表 4-5 所示。

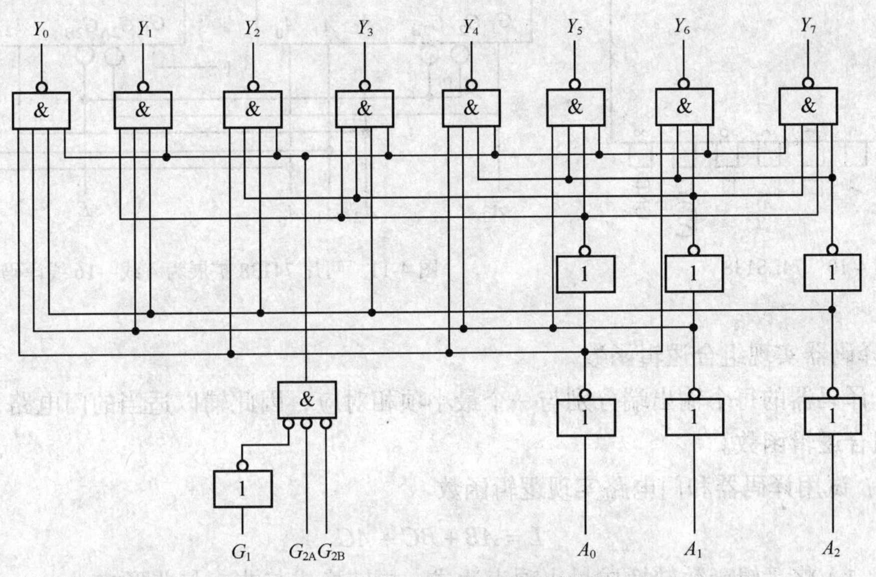

图 4-9　74138 集成译码器逻辑图

表 4-5　3 线—8 线译码器 74138 功能表

输入						输出							
G_1	G_{2A}	G_{2B}	A_2	A_1	A_0	Y_0	Y_1	Y_2	Y_3	Y_4	Y_5	Y_6	Y_7
×	1	×	×	×	×	1	1	1	1	1	1	1	1
×	×	1	×	×	×	1	1	1	1	1	1	1	1
0	×	×	×	×	×	1	1	1	1	1	1	1	1
1	0	0	0	0	0	0	1	1	1	1	1	1	1
1	0	0	0	0	1	1	0	1	1	1	1	1	1
1	0	0	0	1	0	1	1	0	1	1	1	1	1
1	0	0	0	1	1	1	1	1	0	1	1	1	1
1	0	0	1	0	0	1	1	1	1	0	1	1	1
1	0	0	1	0	1	1	1	1	1	1	0	1	1
1	0	0	1	1	0	1	1	1	1	1	1	0	1
1	0	0	1	1	1	1	1	1	1	1	1	1	0

芯片引脚图如图 4-10 所示

3．译码器的扩展

利用译码器的使能端可以方便地扩展译码器的容量。图 4-11 所示是将两片 74138 扩展为 4 线—16 线译码器。

其工作原理为：当 $E=1$ 时，两个译码器都禁止工作，输出全 1；当 $E=0$ 时，译码器工作。这时，如果 $A_3=0$，高位片禁止，低位片工作，输出 Y_0～Y_7 由输入二进制代码 $A_2A_1A_0$ 决定；如果 $A_3=1$，低位片禁止，高位片工作，输出 Y_8～Y_{15} 由输入二进制代码 $A_2A_1A_0$ 决定。从而实现了 4 线—16 线译码器功能。

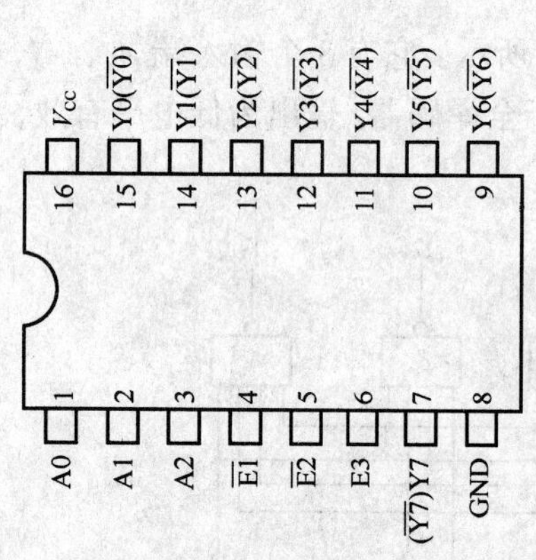

图 4-10　74LS138

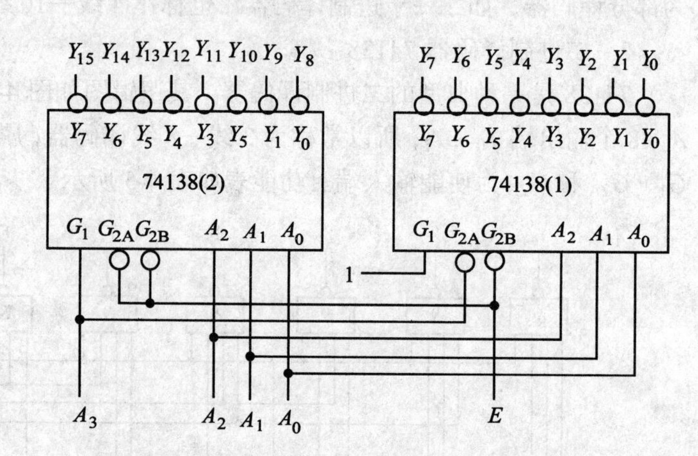

图 4-11　两片 74138 扩展为 4 线—16 线译码器

4．译码器实现组合逻辑函数

由于译码器的每个输出端分别与一个最小项相对应，因此辅以适当的门电路，便可实现任何组合逻辑函数。

例 4：试用译码器和门电路实现逻辑函数

$$L=AB+BC+AC$$

解：（1）将逻辑函数转换成最小项表达式，再转换成与非—与非形式。

$$L=\overline{A}BC+A\overline{B}C+AB\overline{C}+ABC=m_3+m_5+m_6+m_7$$

$$=\overline{\overline{m_3}\cdot\overline{m_5}\cdot\overline{m_6}\cdot\overline{m_7}}$$

（2）该函数有三个变量，所以选用 3 线—8 线译码器 74138。用一片 74138 加一个与非门就可实现逻辑函数 L。

5．七段数字显示译码器

在数字系统中，常需要将测量结果或运算结果用十进制的形式显示出来，这可以用译码器送出来的信号去驱动显示器显示出来。显示的种类很多，不同类的显示器，要有不同的译码器与之配合。

（1）常用的数码显示器

① 辉光数码显示器。

② 荧光数码显示器。是一种真空器件，它有 7 个（或 8 个）阳极（构成字形）、1 个阴极（由灯丝兼作）和 1 个网状栅极。主要特点是驱动电流小，工作电压较低，字形清晰，但需要加热灯丝。

③ 液晶显示器。

④ LED 显示器。

显示器可以单个封装，也可以两个不同颜色的封装在一起。LED 具有单向导电性，工作电压低，约 1.5～3V；几 mA 的电流即可发光，电流增加时，亮度也增加。LED 也可以分段封装，组成需要的字形。如七段字段数码显示器如图 4-12 所示。

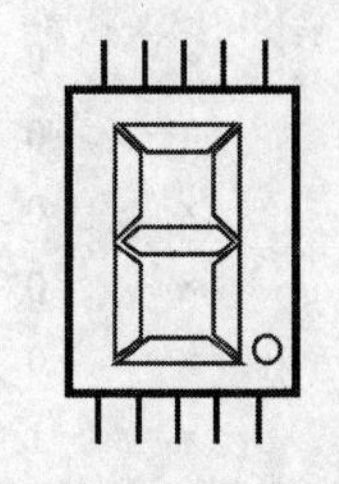

图 4-12　数码显示器

LED 显示器有共阳极接法（某段接低电平时发光），也有共阴极接法（某段接高电平时发光），如图 4-13 所示。

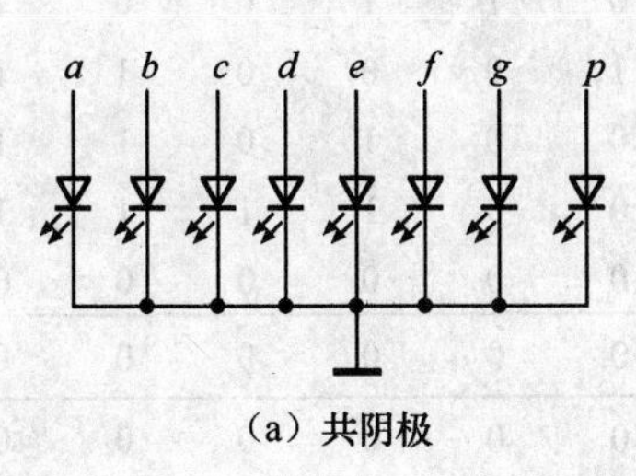

（a）共阴极

+E
a b c d e f g p

（b）共阳极

图 4-13　LED 的接法

（2）七段译码显示器

七段译码显示器如图 4-14 所示

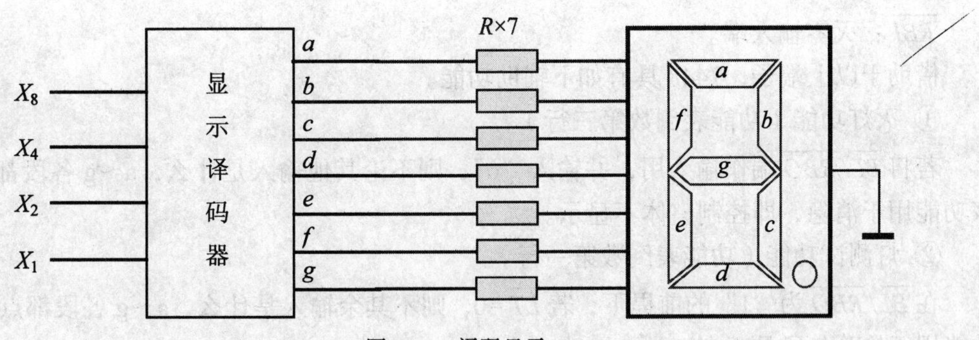

图 4-14　译码显示

（3）七段译码显示驱动芯片 74LS48

七段显示译码器 74LS48 是一种与共阴极数字显示器配合使用的集成译码器，它的功能是将输入的 4 位二进制代码转换成显示器所需要的七个段信号 a～g。功能表如表 4-6 所示。

表 4-6　　　　74LS48 的功能表

$\overline{LT}$	$\overline{RBI}$	A_3	A_2	A_1	A_0	$\overline{BI}/\overline{RBO}$	Y_a	Y_b	Y_c	Y_d	Y_e	Y_f	Y_g	功能
1	1	0	0	0	0	1	1	1	1	1	1	1	0	0
1	×	0	0	0	1	1	0	1	1	0	0	0	0	1
1	×	0	0	1	0	1	1	1	0	1	1	0	1	2
1	×	0	0	1	1	1	1	1	1	1	0	0	1	3
1	×	0	1	0	0	1	0	1	1	0	0	1	1	4
1	×	0	1	0	1	1	1	0	1	1	0	1	1	5
1	×	0	1	1	0	1	0	0	1	1	1	1	1	6
1	×	0	1	1	1	1	1	1	1	0	0	0	0	7
1	×	1	0	0	0	1	1	1	1	1	1	1	1	8
1	×	1	0	0	1	1	1	1	1	0	0	1	1	9
1	×	1	0	1	0	1	0	0	0	1	1	0	1	
1	×	1	0	1	1	1	0	0	1	1	0	0	1	
1	×	1	1	0	0	1	0	1	0	0	0	1	1	
1	×	1	1	0	1	1	1	0	0	1	0	1	1	
1	×	1	1	1	0	1	0	0	0	1	1	1	1	
1	×	1	1	1	1	1	0	0	0	0	0	0	0	
×	×	×	×	×	×	0(输入)	0	0	0	0	0	0	0	消隐
1	0	0	0	0	0	0	0	0	0	0	0	0	0	灭零
0	×	×	×	×	×	1	1	1	1	1	1	1	1	试灯

除了基本输入端和基本输出端外，还有三个辅助输入、输出端。

$\overline{BI}/\overline{RBO}$：灭灯输入/灭零输出。该端比较特殊，既能当输入，又能当输出。

$\overline{LT}$：灯测试输入端。

$\overline{RBI}$：灭零输入端。

借助于以上端子，7448 具有如下辅助功能。

① 灭灯功能（功能表倒数第三行）

若将 $\overline{BI}/\overline{RBO}$ 端作输入用，并输入"0"，则不论其他输入是什么，a～g 各段都熄灭。该功能用于消隐，即控制整体不显示。

② 灯测试功能（功能表倒数第一行）

在 $\overline{BI}/\overline{RBO}$ 为"1"的前提下，若 $\overline{LT}$=0，则不其余输入是什么，a～g 各段都点亮。该功能用于检验各段是否有正常。

③ 灭零功能

首先 $\overline{BI}/\overline{RBO}$ 不输入低电平、$\overline{LT}$ 输入高电平，在这个前提下：

若 $\overline{RBI}$=1，则根据 $A_3A_2A_1A_0$ 的组合正常显示数码；

若 $\overline{RBI}$=0，则当 $A_3A_2A_1A_0 \neq 0000$ 时，仍正常显示。但是，若 $A_3A_2A_1A_0$=0000 时，则各段全灭，恰在此时，$\overline{BI}/\overline{RBO}$ 端输出 0。此功能用来灭掉小数点前后多余的零，如图 4-15 所示。

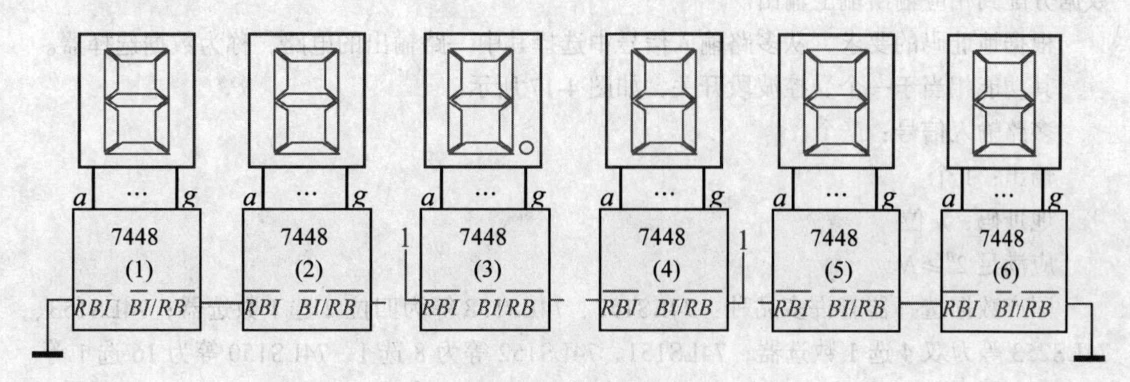

图 4-15　灭零电路

片（1）的 $\overline{RBI}$ 为低，$A_3A_2A_1A_0 \neq 0000$ 仍正常显示。若输入 $A_3A_2A_1A_0 = 0000$，则高位片（1）全灭，并使 RBO 输出 0。片（2）$\overline{RBI}$ 端变为低。

芯片引脚图如图 4-16 所示。

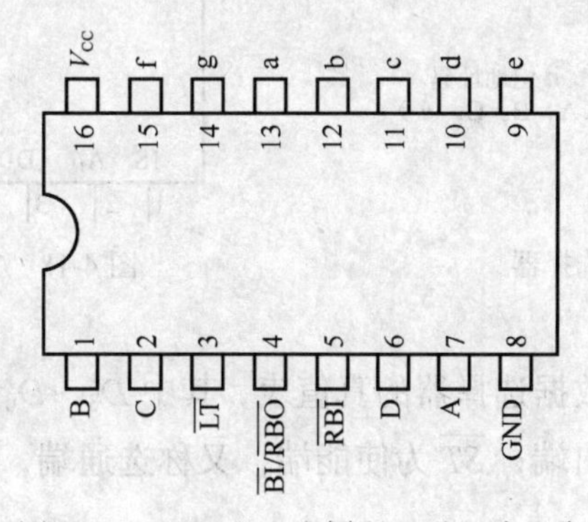

图 4-16　74LS48 七段译码显示驱动芯片

在本任务中，为显示选手的号码，故会用到译码显示电路。

4.4 知识拓展

4.4.1　数据选择器

在多路数据传输过程中，经常需要将其中一路信号挑选出来进行传输，这就需要用到数据选择器。在数据选择器中，通常用地址输入信号来完成挑选数据的任务。如一个 4 选 1 的数据选择器，应有两个地址输入端，它共有 $2^2 = 4$ 种不同的组合，每一种组合可选择对应的一路输入数据输出。同理，对一个 8 选 1 的数据选择器，应有 3 个地址输入端。其余类推。

而多路数据分配器的功能正好和数据选择器的相反，它是根据地址码的不同，将一路数据分配到相应输出端上输出。

根据地址码的要求，从多路输入信号中选择其中一路输出的电路，称为数据选择器。其功能相当于一个受控波段开关，如图 4-17 所示。

多路输入信号：N 个

输出：1 个

地址码：n 位

应满足 $2^n \geqslant N$

国产数据选择器有许多品种：74LS157、74LS158 等为四位 2 选 1 数选器；74LS153、74LS253 等为双 4 选 1 数选器；74LS151、74LS152 等为 8 选 1，74LS150 等为 16 选 1 等。CMOS 产品有：CC4512 为 8 选 1，CCI4539 为双 4 选 1 等。图 4-18 所示为 74LS153 的引脚图。

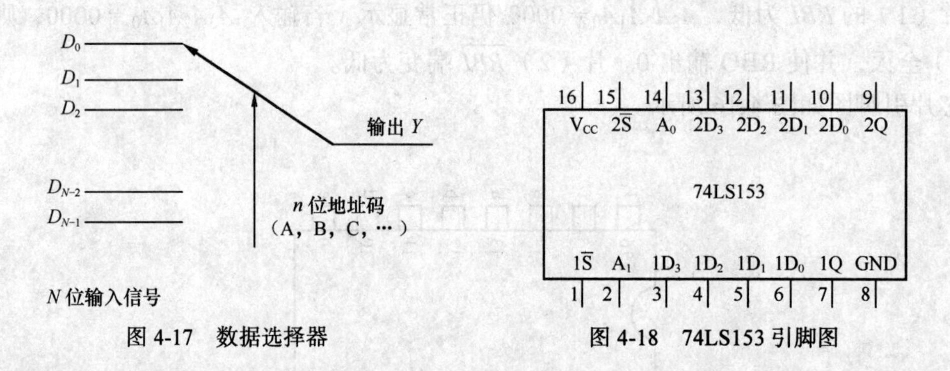

图 4-17　数据选择器　　　　图 4-18　74LS153 引脚图

例如，表 4-7 为 4 选 1 数据选择器的真值表，其中 $D_3 \sim D_0$ 为数据输入端；A_1、A_0 为地址信号输入端；Y 为数据输出端；$\overline{ST}$ 为使能端，又称选通端，输入低电平有效。

表 4-7　　4 选 1 数据选择器的真值表

输入							输出
$\overline{ST}$	A_1	A_0	D_3	D_2	D_1	D_0	Y
1	×	×	×	×	×	×	0
0	0	0	×	×	×	0	0
0	0	0	×	×	×	1	1
0	0	1	×	×	0	×	0
0	0	1	×	×	1	×	1
0	1	0	×	0	×	×	0
0	1	0	×	1	×	×	1
0	1	1	0	×	×	×	0
0	1	1	1	×	×	×	1

所以由真值表可写出输出逻辑函数式。

$$Y = (\overline{A_1}\,\overline{A_0}D_0 + \overline{A_1}A_0D_1 + A_1\overline{A_0}D_2 + A_1A_0D_3)\overline{ST}$$

当 $\overline{ST}=1$ 时，输出 $Y=0$，数据选择器不工作。

当 $\overline{ST}=0$ 时，数据选择器工作，其输出为

$$Y=\overline{A_1}\,\overline{A_0}D_0+\overline{A_1}A_0D_1+A_1\overline{A_0}D_2+A_1A_0D_3$$

4.4.2　数据分配器

1. 数据分配器的原理

数据分配器的逻辑功能是，将 1 个输入数据传送到多个输出端中的 1 个输出端，具体传送到哪一个输出端，也是由一组选择控制信号确定。

数据分配器的逻辑框图及等效电路如图 4-19 所示。

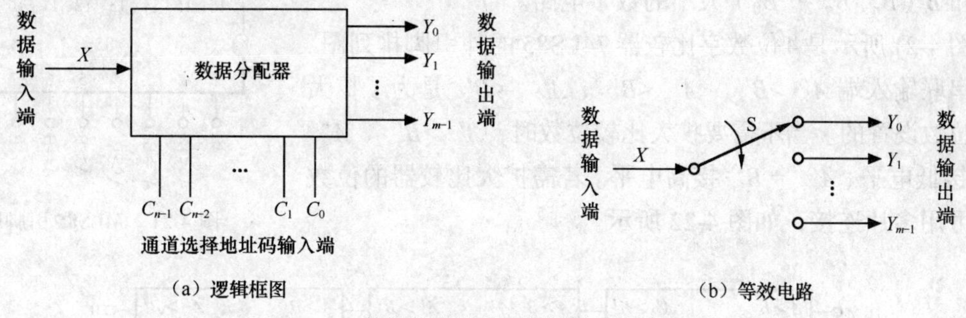

图 4-19　数据分配器的逻辑框图及等效电路

通道地址选择码的位数 n 与数据输出端的数目 m 有如下关系：$m=2^n$

2. 数据分配器的实现电路

数据分配器实际上是译码器（分段显示译码器除外）的一种特殊应用。译码器必须具有“使能端”，且“使能端”要作为数据输入端使用，而译码器的输入端要作为通道选择地址码输入端，译码器的输出端就是分配器的输出端。

作为数据分配器使用的译码器，通常是二进制译码器。图 4-20 所示是将 2/4 线译码器作为数据分配器使用的逻辑图。

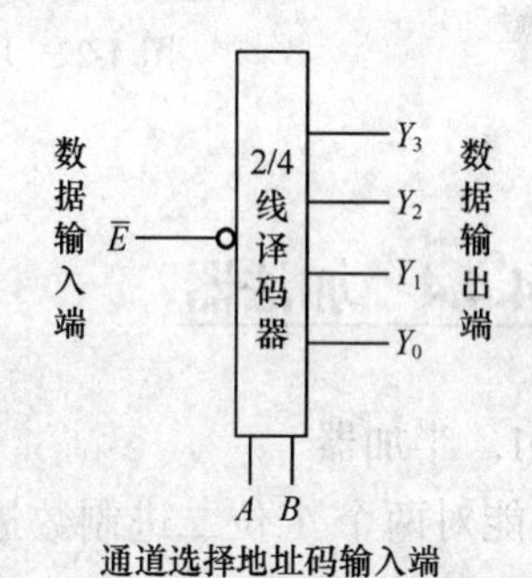

图 4-20　2/4 线译码器作为数据分配器

4.4.3　数值比较器

具有实现两个二进制数大小的比较，并把比较结果作为输出的数字电路称为数值比较器。

1. 1 位数值比较器

数值比较器的真值表如表 4-8 所示。

表 4-8　　一位数值比较器真值表

A	B	$L_1(A>B)$	$L_2(A<B)$	$L_3(A=B)$
0	0	0	0	1
0	1	0	1	0
1	0	1	0	0
1	1	0	0	1

根据真值表可写出逻辑表达式：

$$L_1 = A\overline{B} \quad L_2 = \overline{A}B \quad L_3 = \overline{A}\,\overline{B} + AB = \overline{\overline{A}B + A\overline{B}}$$

2. n 位数值比较器

n 位数值比较器是比较两个 n 位二进制数 A（$A_{n-1}A_{n-2}\cdots A_0$）和 B（$B_{n-1}B_{n-2}\cdots B_0$）大小的数字电路。

图 4-21 所示是 4 位数字比较器 74LS85 的外引脚排列图。其中串联输入端 $A'>B'$、$A'<B'$、$A'=B'$ 是为了扩大比较位数设置的。当不需要扩大比较位数时，$A'>B'$、$A'<B'$ 接低电平、$A'=B'$ 接高电平。若需扩大比较器的位数时，可用多片连接，如图 4-22 所示。

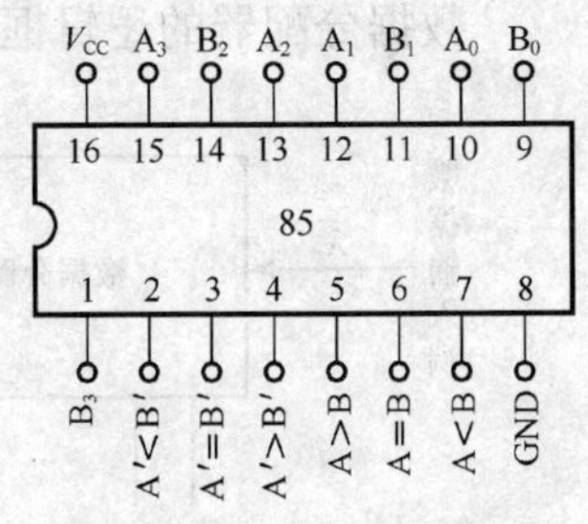

图 4-21　74LS85 引脚图

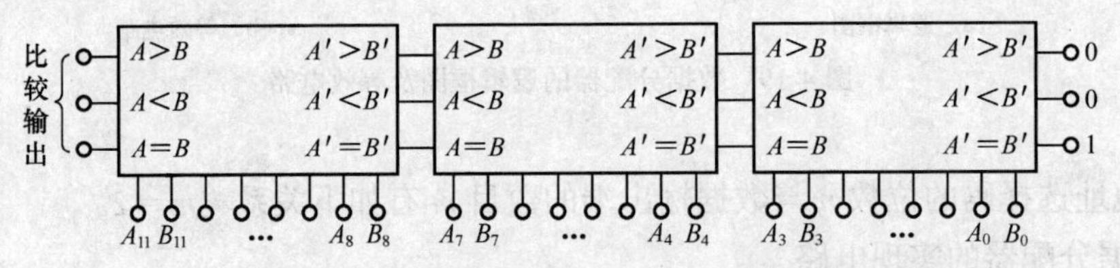

图 4-22　用 3 片 74LS85 组成 12 位数值比较器的逻辑电路

4.4.4　加法器

1. 半加器

能对两个 1 位二进制数进行相加而求得和及进位的逻辑电路称为半加器，如图 4-23 所示。

2. 全加器

能对两个 1 位二进制数进行相加并考虑低位来的进位，即相当于对 3 个 1 位二进制数相加，求得和及进位的逻辑电路称为全加器。

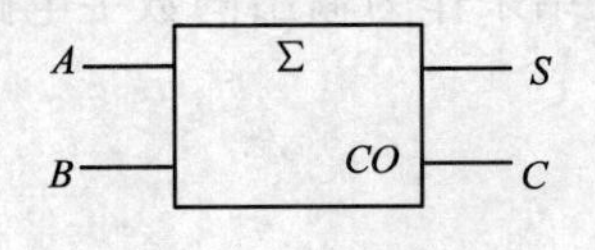

图 4-23　半加器的符号

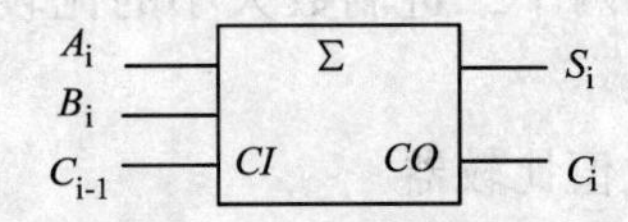

图 4-24　全加器符号

3. 集成算术运算电路

集成二进制 4 位超前进位全加器 74LS283 的外引脚排列如图 4-25 所示。

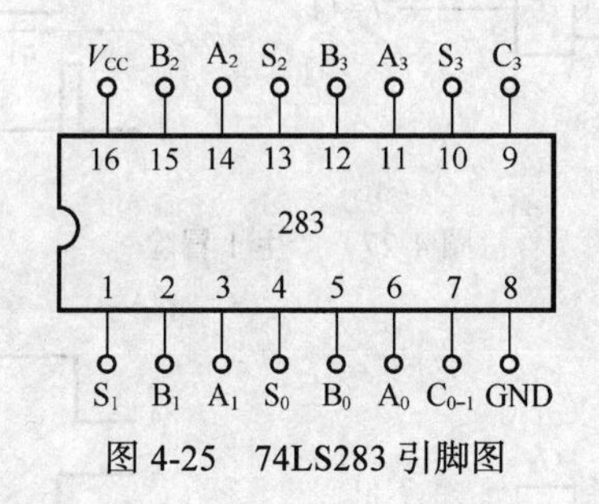

图 4-25　74LS283 引脚图

4. 加法器的级联

一个全加器可以完成两个一位二进制数的相加任务。

图 4-26 所示电路为由 4 个 4 位加法器串联组成的 16 位加法器电路。

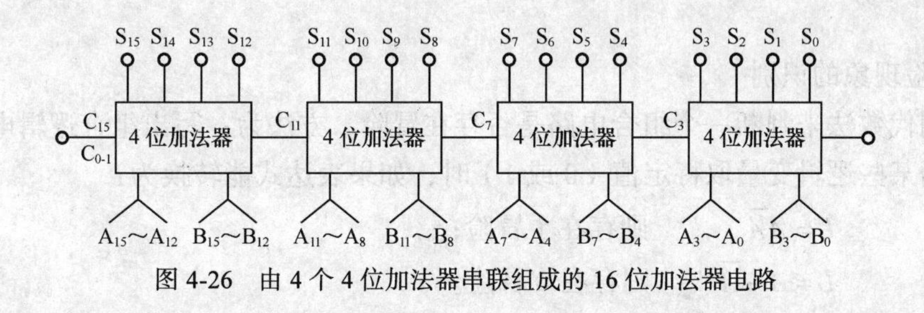

图 4-26　由 4 个 4 位加法器串联组成的 16 位加法器电路

4.4.5　组合逻辑电路的竞争与冒险

前面在分析和设计组合逻辑辑电路时，都没有考虑门电路延迟时间对电路的影响。实际上，由于延迟时间的存在，当一个输入信号经过多条路径传送后又重新会合到某个门上，由于不同路径上门的级数不同，或者门电路延迟时间的差异，导致到达会合点的时间有先有后，从而产生瞬间的错误输出。这一现象称为竞争冒险。

1. 产生竞争冒险的原因

图 4-27（a）所示的电路中，逻辑表达式为$L=A\overline{A}$，理想情况下，输出应恒等于 0。但是由于 G_1 门的延迟时间 t_{pd}，$\overline{A}$ 下降沿到达 G_2 门的时间比 A 信号上升沿晚 1 个 t_{pd}，因此，使 G_2 输出端出现了一个正向窄脉冲，如图 4-27（b）所示，通常称之为“1 冒险”。

同理，在图 4-28（a）所示的电路中，由于 G_1 门的延迟时间 t_{pd}，会使 G_2 输出端出现了一个负向窄脉冲，如图 4-28（b）所示，通常称之为“0 冒险”。

“0 冒险”和“1 冒险”统称冒险，是一种干扰脉冲，有可能引起后级电路的错误动作。产生冒险的原因是由于一个门（如 G_2）的两个互补的输入信号分别经过两条路径传输，由于延迟时间不同，而到达的时间不同。这种现象称为竞争。

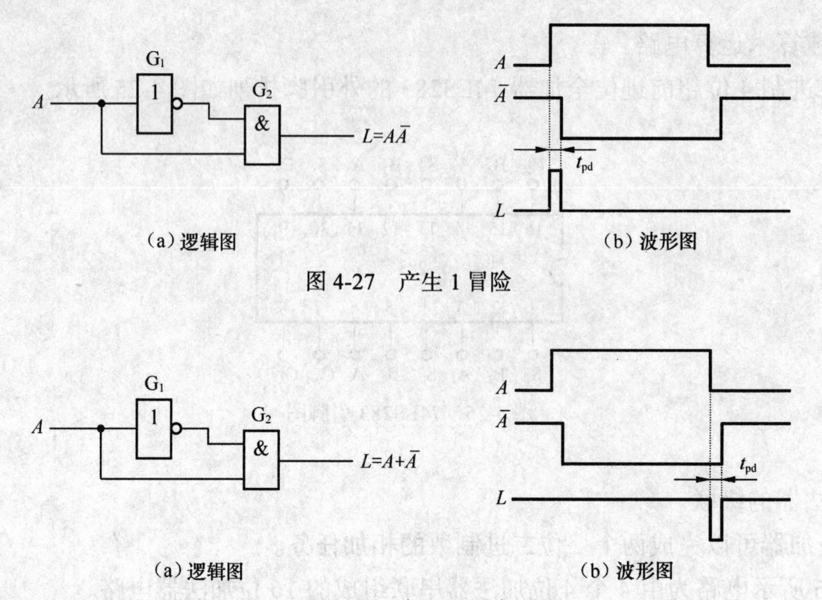

（a）逻辑图　　（b）波形图

图 4-27　产生 1 冒险

（a）逻辑图　　（b）波形图

图 4-28　产生 0 冒险

2. 冒险现象的识别

可采用代数法来判断一个组合电路是否存在冒险，方法为：写出组合逻辑电路的逻辑表达式，当某些逻辑变量取特定值（0 或 1）时，如果表达式能转换为：

$L = A\overline{A}$　　则存在 1 冒险；

$L = A + \overline{A}$　　则存在 0 冒险。

例 5：判断图 4-29（a）所示电路是否存在冒险，如有，指出冒险类型，画出输出波形。

解：写出逻辑表达式：$L = A\overline{C} + BC$

若输入变量 $A = B$=1，则有 $L = C + \overline{C}$。因此，该电路存在 0 冒险。下面画出 $A = B$=1 时 L 的波形。在稳态下，无论 C 取何值，F 恒为1，但当 C 变化时，由于信号的各传输路径的延时不同，将会出现图 4-29（b）所示的负向窄脉冲，即 0 冒险。

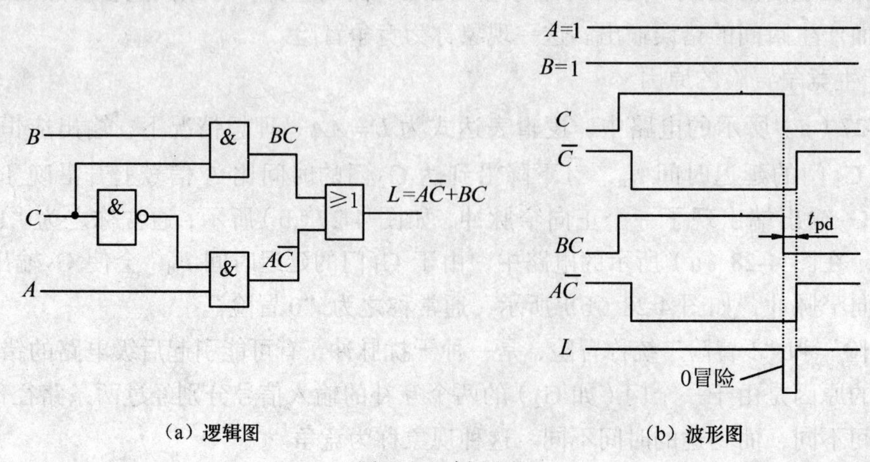

（a）逻辑图　　（b）波形图

图 4-29　例 5 图

例 6：判断逻辑函数 $L=(A+B)(\overline{B}+C)$ 是否存在冒险。

解：如果令 $A=C=0$，则有 $L=B\cdot\overline{B}$，因此，该电路存在 1 冒险。

3. 冒险现象的消除方法

当组合逻辑电路存在冒险现象时，可以采取以下方法来消除冒险现象。

（1）加冗余项。

在例 5 的电路中，存在冒险现象。如在其逻辑表达式中增加乘积项 AB，使其变为 $L=A\overline{C}+BC+AB$，则在原来产生冒险的条件 $A=B=1$ 时，$L=1$，不会产生冒险。这个函数增加了乘积项 AB 后，已不是“最简”，故这种乘积项称冗余项。

（2）变换逻辑式，消去互补变量。

例 6 的逻辑式 $L=(A+B)(\overline{B}+C)$ 存在冒险现象。如将其变换为 $L=A\overline{B}+AC+BC$，则在原来产生冒险的条件 $A=C=0$ 时，$L=0$，不会产生冒险。

（3）增加选通信号。

在电路中增加一个选通脉冲，接到可能产生冒险的门电路的输入端。当输入信号转换完成，进入稳态后，才引入选通脉冲，将门打开。这样，输出就不会出现冒险脉冲。

（4）增加输出滤波电容.

由于竞争冒险产生的干扰脉冲的宽度一般都很窄，在可能产生冒险的门电路输出端并接一个滤波电容（一般为 4～20pF），利用电容两端的电压不能突变的特性，使输出波形上升沿和下降沿都变的比较缓慢，从而起到消除冒险现象的作用。

4.5 任务分析与实现

4.5.1 任务分析

1. 电路图

电路图如图 4-30 所示。

2. 电路分析

（1）八名选手控制 J1～J8，8 个开关，开关闭合接通低电平，开关打开接通高电平。J1～J8 代表 1～8，如图 4-31 所示。

（2）编码部分：此电路要实现多个信号输入，故可用 74LS148 优先编码器完成。

（3）显示译码电路：显示译码器 74LS48 将接收到的编码信号进行译码，译码后驱动七段数码显示器，显示抢答成功队员的号码。

（4）显示数字的“0”变“8”电路：由于人们习惯于用一号到八号的抢答号码，而编码器输出的是 0～7 这 8 个数码，故采用 74LS27 芯片三输入与非门电路构成变号电路，将编码器输出的 000 变成 1 送至 74LS48 的 D 端，使第 8 号的抢答信号变成 4 位信号 1000，则译码器对 1000 译码后，使显示电路显示数字 8。

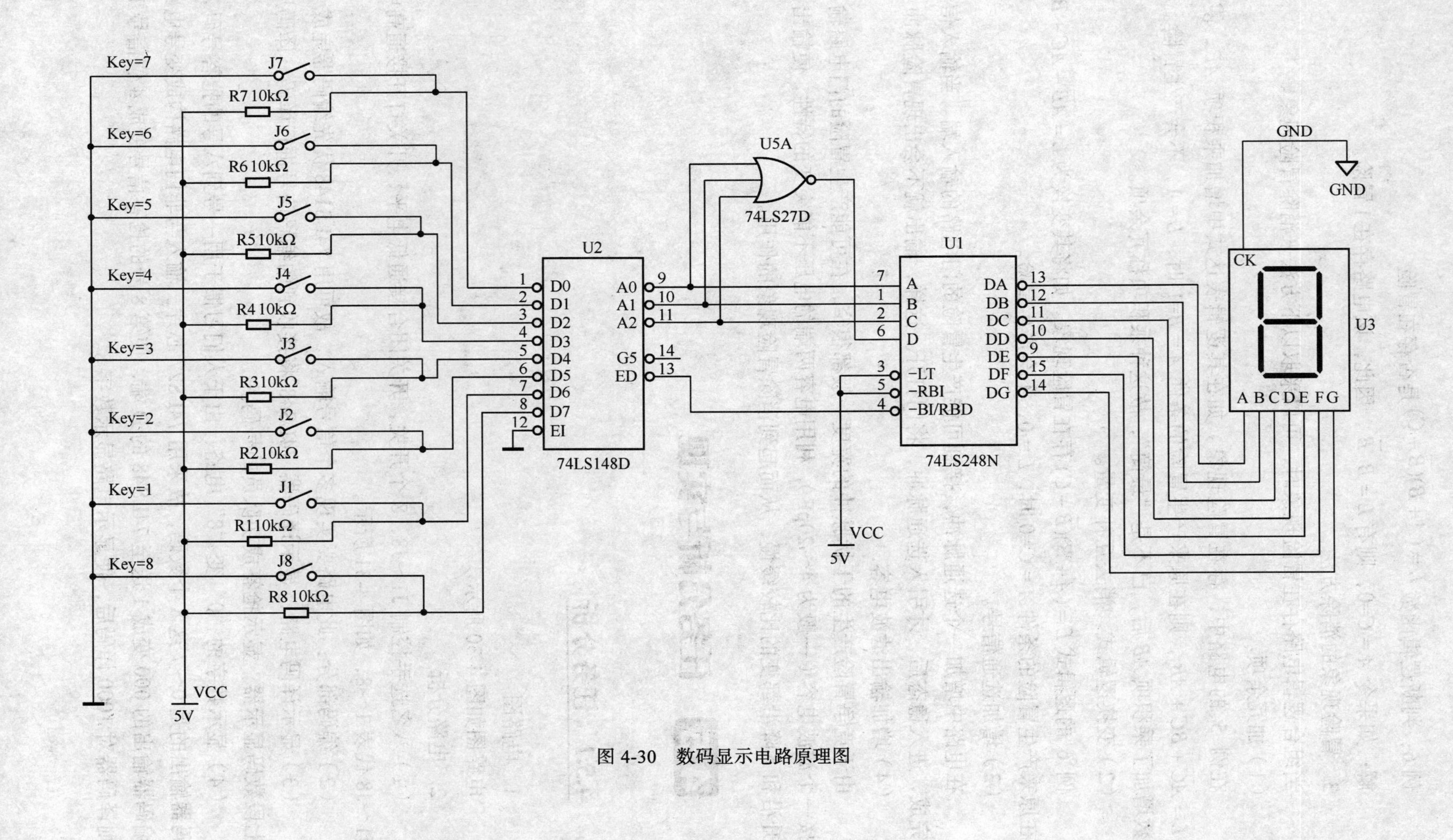

图 4-30　数码显示电路原理图

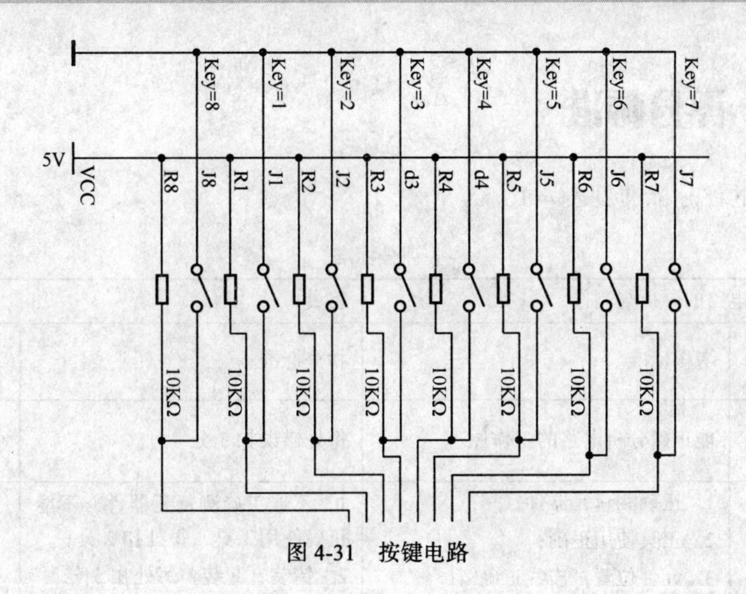

图 4-31　按键电路

4.5.2　任务实现

1. 电子元器件的检测与筛选

用万用表检测电阻、开关、数码管、二极管；用 IC 测试仪检测 74LS148、74LS27 和 74LS48。

2. 元器件清单

元器件清单如表 4-9 所示

表 4-9　　元器件清单

名称	型号	数量
8 线-3 线优先编码器	74LS148	1
BCD 七段显示译码器	74LS48	1
共阴极数码管	BS205	1
三输入或非门	74LS27	1
电阻	10KΩ	8
常开开关		8

3. 电路的连接

连接时注意芯片的引脚排列。

4. 电路的检测与调试

电路连接完成后，首先不要通电，对照原理图检查电路的连线是否正确，元件的引脚及导线的端头是否连接良好。一切检查完后，将电路接通 5V 电源，开关断开，数码管熄灭。合上开关，数码管应显示相应的号码。

5. 功能扩展

此电路可以继续扩展，如加声音报号码等，读者可考虑继续完善电路。

4.6 评分标准

本项任务的评分标准见表4-10。

表4-10 评分标准

任务：数码显示电路的分析与制作			组员：			
项目	分值	考核标准	扣分标准	扣分	得分	备注
电路分析	30分	能正确分析电路的工作原理	每处错误扣5分			
电路连接	30分	1. 正确测量元器件； 2. 工具使用正确； 3. 元件位置，连线正确	1. 不能正确测量元器件，不能正确使用工具，每处扣2分； 2. 错装、漏装，每处扣5分			
电路调试	10分	开关闭合应能正确显示按下开关的编码	开关闭合数码管不能正确显示编码，扣2分			
故障检修	20分	1. 检修思路清晰，正确判断故障原因，方法运用得当； 2. 检修结果正确； 3. 正确使用仪表	1. 检修思路不清晰，故障原因分析错误，每次扣2分； 2. 检修结果错误，每次扣2分； 3. 仪表使用错误，每次扣2分			
安全文明工作	10分	1. 安全用电，无人为损坏仪器、元件和设备； 2. 保持环境整洁，秩序井然，操作习惯良好； 3. 小组成员协作和谐，态度正确； 4. 不迟到、早退、旷课	1. 发生安全事故，扣10分； 2. 人为损坏设备、元器件，扣10分； 3. 现场不整洁、工作不文明，团队不协作，扣5分； 4. 不遵守考勤制度，每次扣5分			
总分						

本章小结

组合逻辑电路就是电路在任何时刻的输出状态，只取决于同一时刻的输入状态，而与其原来状态无关。

组合逻辑电路的分析就是根据给出的逻辑电路，找出其输入和输出之间的逻辑关系；组合逻辑电路的设计，就是根据给出的实际问题，找出它的逻辑关系，用最简单的逻辑电路来实现。组合逻辑电路设计时应注意使用的集成器件数尽量少、检查电路是否存在竞争冒险现象，如有竞争冒险现象，则要采取措施加以消除。

常用的中规模集成器件主要有加法器、数值比较器、编码器、译码器、数据选择器、数据分配器等。通过这些实际电路的学习，进一步体会组合逻辑电路的设计和分析的基本思想；应特别关注这些中规模集成部件使能控制端的作用，熟悉中规模集成部件的逻辑功能和扩展功能。本章推荐实验：74LS148、74LS248、74LS138、74LS153、74LS85、74LS283芯片功能的测试与应用。

思考练习题

1. 组合逻辑电路的特点是什么？
2. 编码器的功能是什么？都有哪几种编码器？
3. 数据选择器的功能是什么？有哪些实际应用？
4. 译码器的功能是什么？怎样用译码器做数据分配器？
5. 试分析用逻辑门电路实现逻辑函数方便还是用数据选择器实现逻辑函数方便。
6. 写出如题图 4-1 所示电路对应的真值表。
7. 组合电路如题图 4-2 所示，分析该电路的逻辑功能。

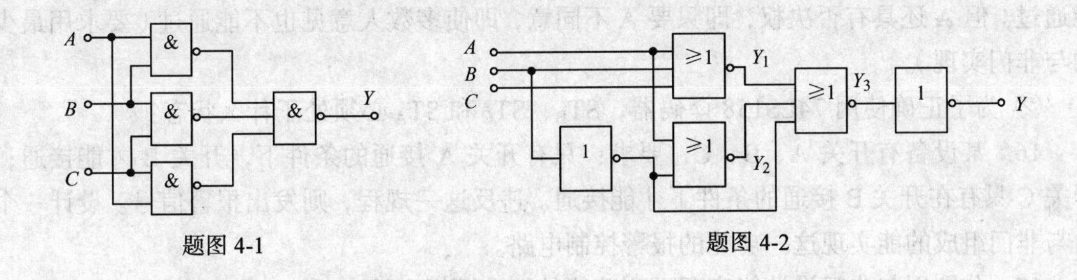

题图 4-1　　　　　　题图 4-2

8. 试用译码器和门电路实现逻辑函数：

$$L = AB + BC + AC\text{。}$$

9. 试用 8 选 1 数据选择器 74151 实现逻辑函数：

$$L = AB + BC + AC\text{。}$$

10. 化简如题图 4-3 所示电路，并分析其功能。
11. 分析如题图 4-4 所示的逻辑电路，做出真值表，说明其逻辑功能。

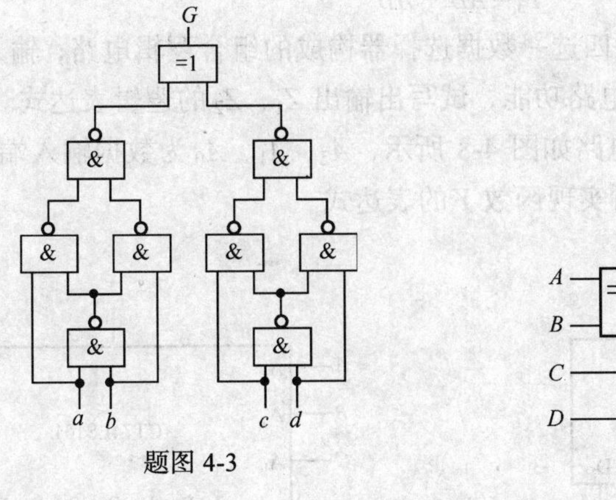

题图 4-3

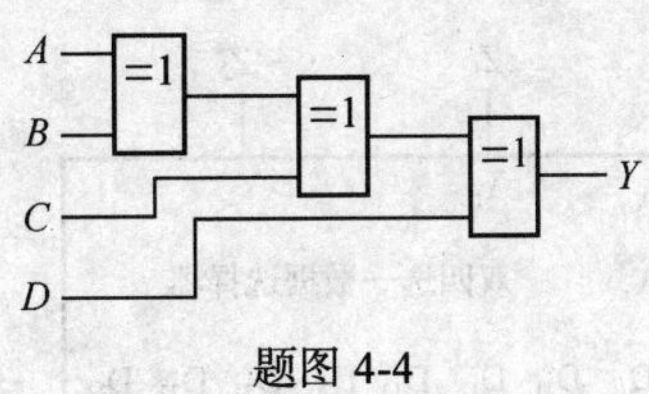

题图 4-4

12. 分析如题图 4-5 所示的逻辑电路，做出真值表，说明其逻辑功能。
13. 写出题图 4-6 所示组合电路输出函数 F 的表达式，列出真值表，分析逻辑功能。

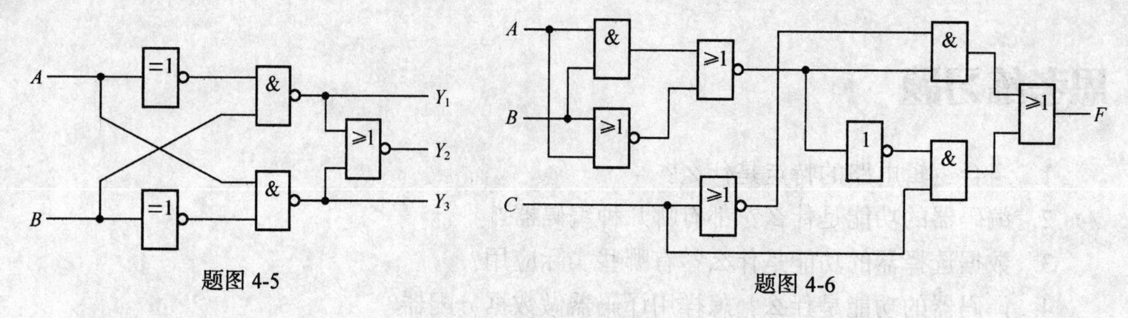

题图 4-5　　题图 4-6

14. 某产品有 A、B、C、D 四项质量指标。规定：A 必须满足要求，其他三项中只要有任意两项满足要求，产品算合格。试设计一个组合电路以实现上述功能。

15. ① 设计一多数表决电路。要求 A、B、C 三人中只要有半数以上同意，则决议就能通过。但 A 还具有否决权，即只要 A 不同意，即使多数人意见也不能通过（要求用最少的与非门实现）。

② 为了正确使用 74LS138 译码器，ST_B、ST_C 和 ST_A 必须处于什么状态？

16. 某设备有开关 A、B、C，要求：只有开关 A 接通的条件下，开关 B 才能接通；开关 C 只有在开关 B 接通的条件下才能接通。违反这一规程，则发出报警信号。设计一个由与非门组成的能实现这一功能的报警控制电路。

17. 分别用与非门设计能实现下列功能的组合逻辑电路：

① 三变量判奇电路；

② 四变量多数表决电路；

③ 三变量一直电路（变量取值相同输出为 1，否则输出为 0）。

18. 试用 3 线-8 线译码器 74LS138 和门电路实现下列函数，画出连线图。若用数据选择器如何实现？

$$Y_1 = AB + ABC$$
$$Y_2 = B + C$$
$$Y_3 = AB + AB$$

19. 题图 4-7 所示电路为由双四选一数据选择器构成的组合逻辑电路，输入变量为 A、B、C、输出函数为 Z_1、Z_2，分析电路功能，试写出输出 Z_1、Z_2 的逻辑表达式。

20. 八路数据选择器构成的电路如图 4-8 所示，A_2、A_1、A_0 为数据输入端，根据图中对 $D0$～$D7$ 的设置，写出该电路所实现函数 Y 的表达式。

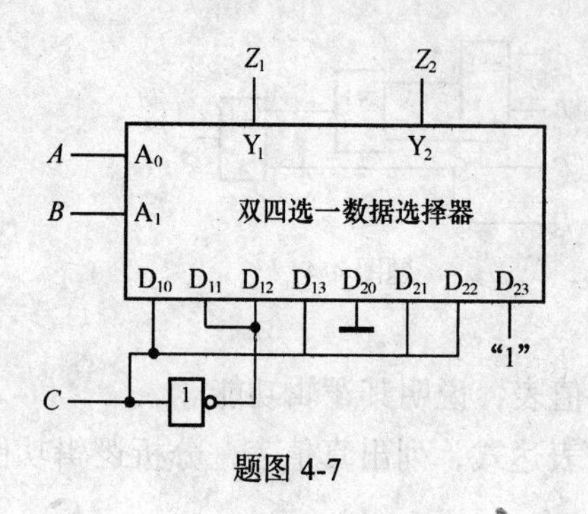

题图 4-7

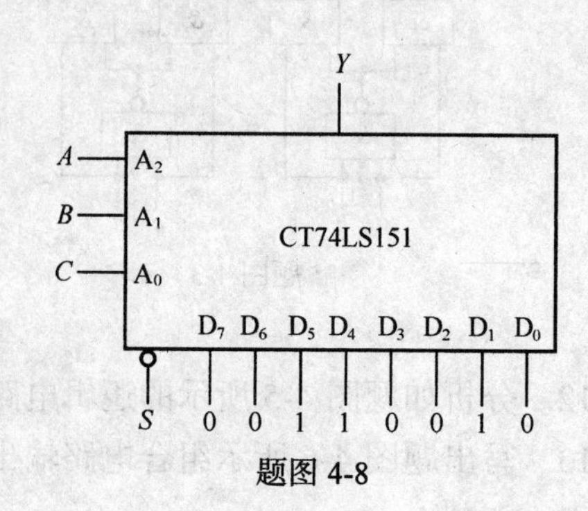

题图 4-8

21. 某组合逻辑电路如题图 4-9 所示，列出真值表试分析其逻辑功能。

22. 在如题图 4-10 所示的电路中，74LS138 是 3 线-8 线译码器。试写出输出 Y_1、Y_2 的逻辑函数式。

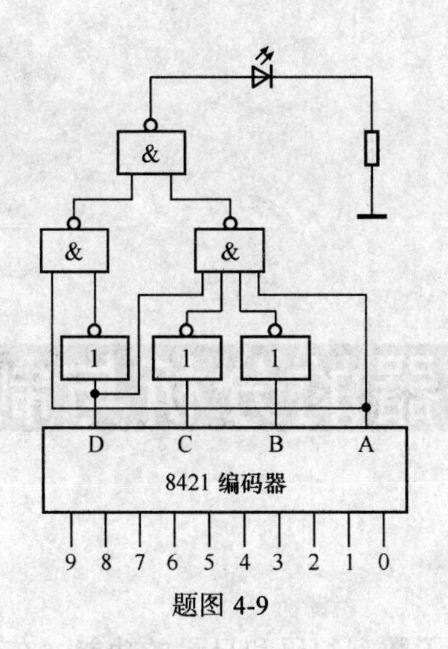

题图 4-9

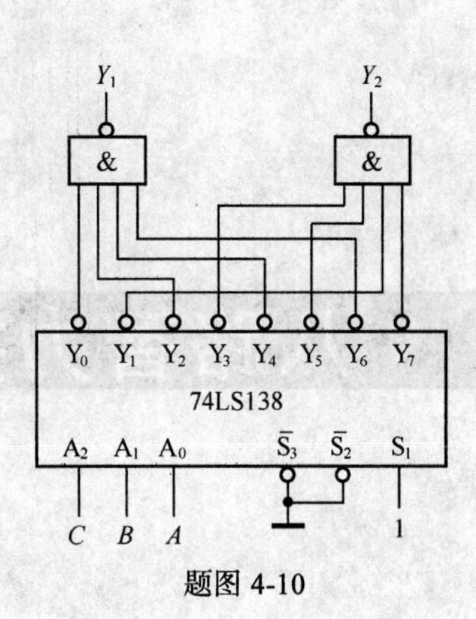

题图 4-10

23. 用四个全加器 FA0、FA1、FA2、FA3 组成的组合逻辑电路如题图 4-11 所示，试分析该电路的功能。

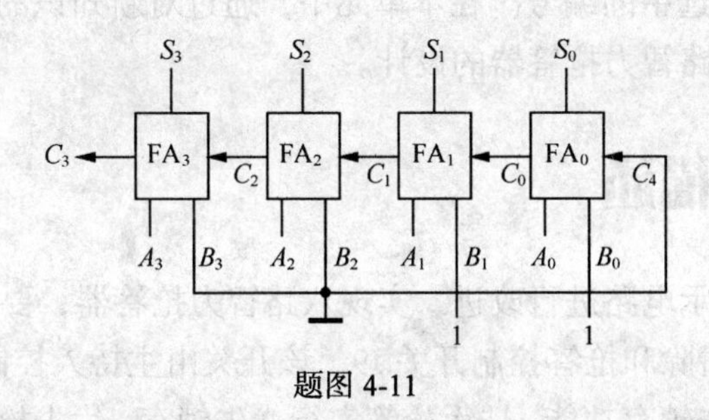

题图 4-11

实训操作题：

试用 4 位数值比较器和必要的门电路设计一个判别电路。输入为一组 8421BCD 码 ABCD，当 ABCD≥0101 时，判别电路输出为 1，否则输出为 0（此判别电路即所谓的四舍五入电路）。

第5章 八路智力抢答器的分析与制作

在上个单元中完成的数码显示电路只是实现了数字编码和显示的功能，在现实生活中，仅有此功能是远远不够的。我们在电视上经常看到各种知识或者智力竞赛的节目，在竞赛的过程中，选手们经常需要抢答各种问题，除了需要显示各个选手的数码之外，还能优先显示先按抢答按钮选手的编号。在本单元中，通过对新知识的学习，可以对数码显示电路进行改进，实现八路智力抢答器的设计。

5.1 项目描述

本项目是将数码显示电路进行改进，实现八路智力抢答器，要求如下。

① 设置一个系统清除和抢答控制开关 J9，该开关由主持人控制。

② 抢答器具有优先锁存功能。选手抢答实行优先锁存，优先抢答选手的编号一直保持到主持人将系统清除为止。

5.2 教学目标

通过对八路智力抢答器电路任务的分析与制作，使学生掌握触发器的基本工作原理，能按要求进行电路的装配、测试与调试，并能排除调试过程中出现的简单故障。

5.3 必备知识

5.3.1 关于触发器

1. 触发器的基本概念

在数字系统中，除了广泛使用数字逻辑门部件输出信号，还常常需要记忆和保存这些数字二进制数码信息，这就要用到另一个数字逻辑部件：触发器。数字电路中，将能够存储一位二进制信息的逻辑电路称为触发器（flip flop），它是构成时序逻辑电路的基本单元。

2. 基本 RS 触发器

（1）电路结构由两个与非门的输入/输出端交叉耦合。它与组合电路的根本区别在于，电路中有反馈线，如图 5-1 所示。

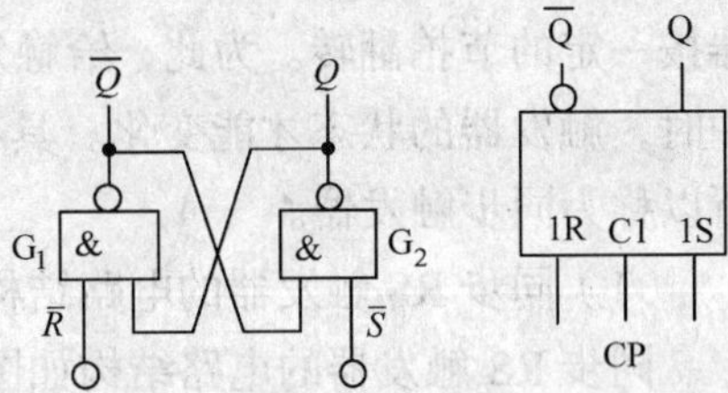

（a）逻辑图　　（b）逻辑符号

图 5-1　与非门组成的基本 RS 触发器

它有二个输入端 R、S，有两个输出端 Q、$\overline{\mathrm{Q}}$。一般情况下，Q、$\overline{\mathrm{Q}}$是互补的。

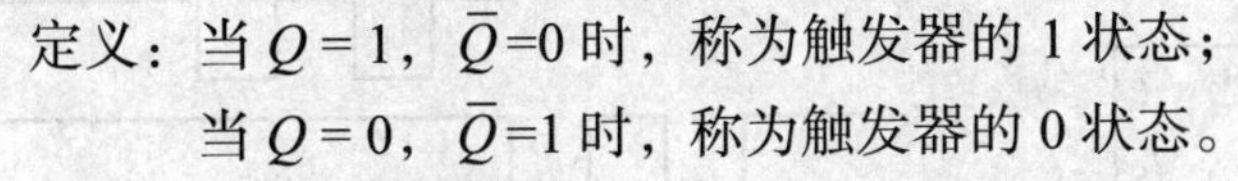

定义：当 $Q=1$，$\overline{Q}=0$ 时，称为触发器的 1 状态；

当 $Q=0$，$\overline{Q}=1$ 时，称为触发器的 0 状态。

（2）基本 RS 触发器特性表

基本 RS 触发器特性表如表 5-1 所示。

表 5-1　基本 RS 触发器的特性表

R	S	Q^n	Q^{n+1}	功能说明
0	0	0	×	不稳定状态
0	0	1	×	
0	1	0	0	置 0（复位）
0	1	1	0	
1	0	0	1	置 1（置位）
1	0	1	1	
1	1	0	0	保持原状态
1	1	1	1	

可见，触发器的新状态 Q^{n+1}（也称次态）不仅与输入状态有关，也与触发器原来的状态 Q^n（也称现态或初态）有关。

触发器的特点：

① 有两个互补的输出端，有两个稳态；

② 有复位（$Q=0$）、置位（$Q=1$）、保持原状态三种功能；

③ R 为复位输入端，S 为置位输入端，该电路为低电平有效；

④ 由于反馈线的存在，无论是复位还是置位，有效信号只需作用很短的一段时间，即

"一触即发"。

（3）波形分析。

设初始状态为 0，已知输入 R、S 的波形图如图 5-2 所示，画出输出 Q、$\overline{Q}$的波形图。虚线所示为考虑门电路的延迟时间的情况。

综上所述，基本 RS 触发器具有复位（$Q=0$）、置位（$Q=1$）、保持原状态三种功能，R 为复位输入端，S 为置位输入端，可以是低电平有效，也可以是高电平有效，取决于触发器的结构。

2. 同步 RS 触发器

在实际应用中，触发器的工作状态不仅要由 R、S 端的信号来决定，而且还希望触发器按一定的节拍翻转。为此，给触发器加一个时钟控制端 CP，只有在 CP 端上出现时钟脉冲时，触发器的状态才能变化。具有时钟脉冲控制的触发器状态的改变与时钟脉冲同步，所以称为同步触发器。

（1）同步 RS 触发器的电路结构。

同步 RS 触发器的电路结构如图 5-2 所示。

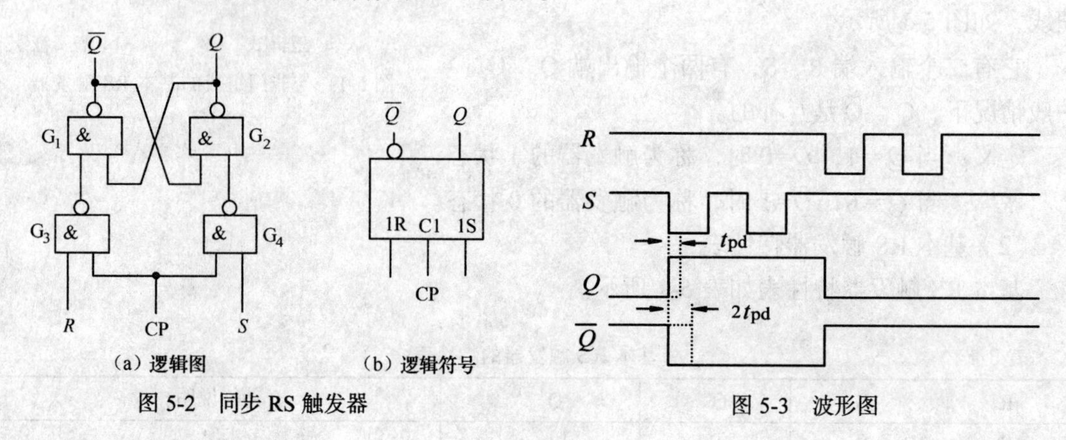

（a）逻辑图　（b）逻辑符号

图 5-2　同步 RS 触发器

图 5-3　波形图

（2）逻辑功能

当 $CP=0$ 时，控制门 G_3、G_4关闭，都输出 1。这时，不管 R 端和 S 端的信号如何变化，触发器的状态保持不变。

当 $CP=1$ 时，G_3、G_4打开，R、S 端的输入信号才能通过这两个门，使基本 RS 触发器的状态翻转，其输出状态由 R、S 端的输入信号决定，见表 5-2。

表 5-2　同步 RS 触发器的功能表

R	S	Q^n	Q^{n+1}	功能说明
0	0	0	0	保持原状态
0	0	1	1	
0	1	0	1	输出状态与 S 状态相同
0	1	1	1	
1	0	0	0	输出状态与 S 状态相同
1	0	1	0	
1	1	0	×	输出状态不稳定
1	1	1	×	

由此可以看出，同步 RS 触发器的状态转换分别由 R、S 和 CP 控制，其中，R、S 控制状态转换的方向，即转换为何种次态；CP 控制状态转换的时刻，即何时发生转换。

（3）触发器功能的几种表示方法。

① 特性方程。

触发器次态 Q^{n+1} 与输入状态 R、S 及现态 Q^n 之间的逻辑表达式称为触发器的特性方程。根据表 5-2 可画出同步 RS 触发器 Q^{n+1} 的卡诺图，如图 5-4 所示。由此可得同步 RS 触发器的特性方程为

$$Q^{n+1} = S + \overline{R}Q^n$$

$$RS = 0 \qquad \text{（约束条件）}$$

② 状态转换图

状态转换图表示触发器从一个状态变化到另一个状态或保持原状态不变时，对输入信号的要求，如图 5-5 所示。

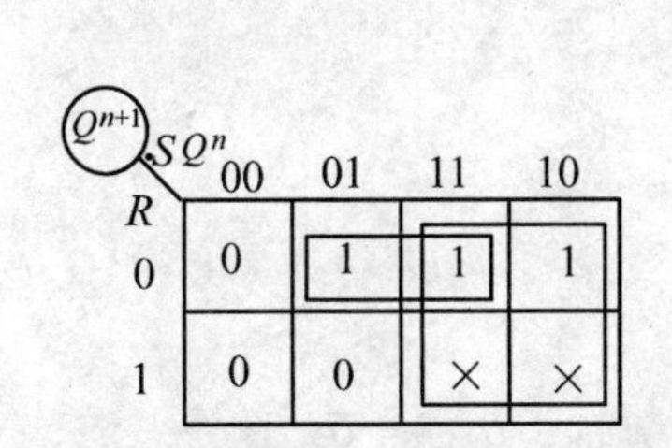

图 5-4　同步 RS 触发器 Q^{n+1} 的卡诺图

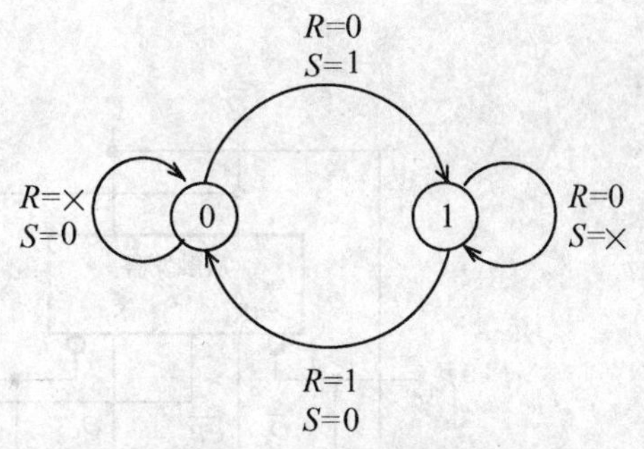

图 5-5　同步 RS 触发器的状态转换图

③ 波形图。

触发器的功能也可以用输入/输出波形图直观地表示出来，图 5-6 所示为同步 RS 触发器的波形图。

（4）同步触发器存在的问题——空翻。

在一个时钟周期的整个高电平期间或整个低电平期间都能接收输入信号并改变状态的触发方式称为电平触发。由此引起的在一个时钟脉冲周期中，触发器发生多次翻转的现象叫做空翻（如图 5-7 所示）。空翻是一种有害的现象，它使得时序电路不能按时钟节拍工作，造成系统的误动作。造成空翻现象的原因是同步触发器结构的不完善。

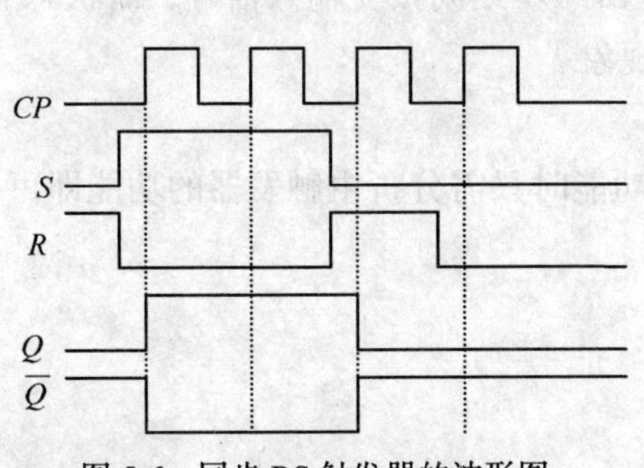

图 5-6　同步 RS 触发器的波形图

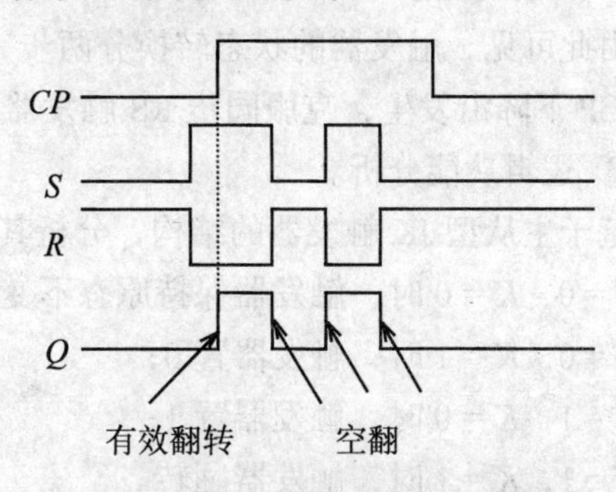

图 5-7　同步 RS 触发器的空翻波形

3．主从触发器和边沿触发器

对触发器而言，在一个时钟脉冲作用下，要求触发器的状态只能翻转一次。而同步触发器存在“空翻”现象。要避免“空翻”现象，则要求在时钟脉冲作用期间，不允许输入信号（R、S）发生变化；另外，必须要求 CP 的脉宽不能太大，显然，这种要求是较为苛刻的。

由于同步触发器存在空翻问题，限制了其在实际工作中的作用。为了克服该现象，对触发器电路做进一步改进，进而产生了主从型、边沿型等各类触发器。

主从触发器由两级触发器构成，其中一级直接接收输入信号，称为主触发器，另一级接收主触发器的输出信号，称为从触发器。两级触发器的时钟信号互补。

（1）主从 JK 触发器。

① 电路结构。

如图 5-8 所示，从整体上看，该电路上下对称，它由上、下两级同步 RS 触发器和一个非门组成。

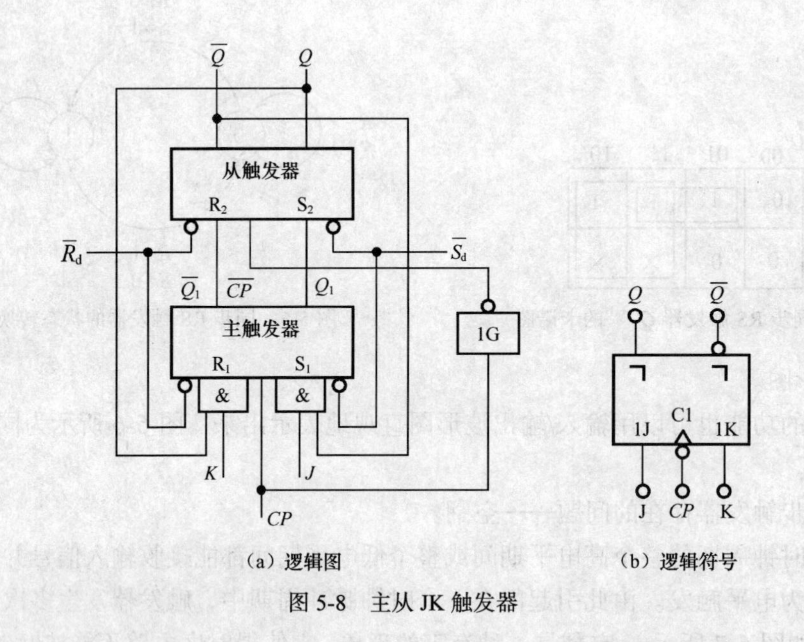

（a）逻辑图　　（b）逻辑符号

图 5-8　主从 JK 触发器

② 工作原理。

由此可见，触发器的状态转换分两步完成，$CP = 1$ 期间接受输入信号，而状态的翻转只在 CP 下降沿发生，克服同步 RS 触发器空翻现象。

③ 逻辑功能分析。

基于主从型 JK 触发器的结构，分析其逻辑功能时只需分析主触发器的功能即可。

$J = 0$，$K = 0$ 时，触发器保持原态不变；

$J = 0$，$K = 1$ 时，触发器置 0；

$J = 1$，$K = 0$ 时，触发器置 1；

$J = 1$，$K = 1$ 时，触发器翻转。

④ 主从 JK 触发器存在的问题——一次变化现象。

如图 5-9 所示，假设触发器的现态 $Q^n=0$，当 $J=0$，$K=0$ 时，根据 JK 触发器的逻辑功能应维持原状态不变。但是，在 $CP=1$ 期间若遇到外界干扰，使 J 由 0 变为了 1，主触发器则被置成了 1 状态。当正脉冲干扰消失后，输入又回到 $J=K=0$，此时主触发器维持已被置成的 1 状态。当 CP 脉冲下降沿到来后，从触发器接收主触发器输出，状态变为 1 状态，而不是维持原来的 0 状态不变。

（2）边沿 D 触发器。

① D 触发器的逻辑功能。

D 触发器只有一个触发输入端 D，因此，逻辑关系非常简单，如表 5-3 所示。

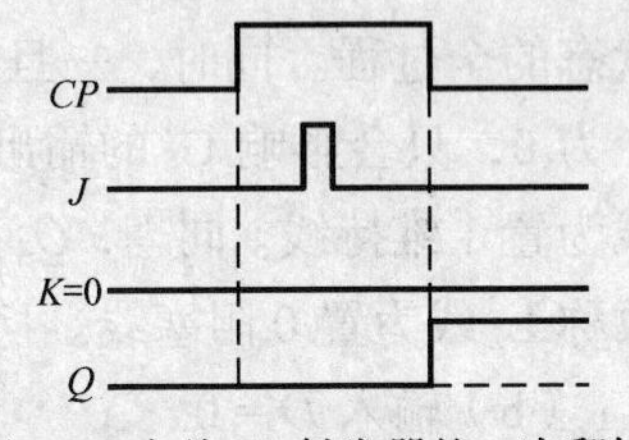

图 5-9 主从 JK 触发器的一次翻转

D 触发器的特性方程为：$Q^{n+1}=D$

D 触发器的状态转换图如图 5-10 所示。

表 5-3 D 触发器的功能表

D	Q^n	Q^{n+1}	功能说明
0	0	0	输出状态与 D 状态相同
0	1	0	
1	0	1	
1	1	1	

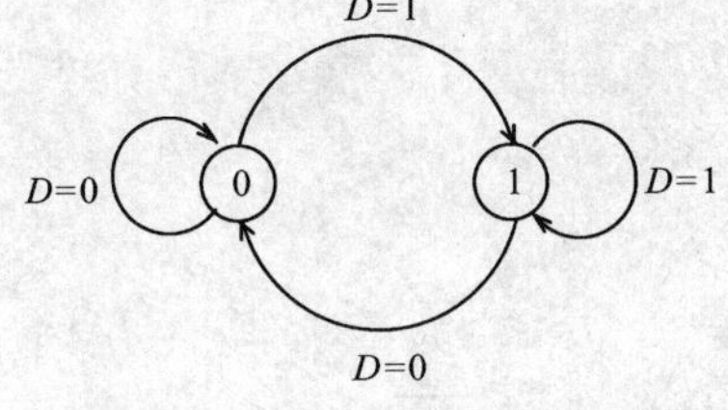

图 5-10 D 触发器的状态转换图

② 维持—阻塞边沿 D 触发器的结构及工作原理。

在同步 RS 触发器的电路基础上，再加两个门 G_5、G_6，将输入信号 D 变成互补的两个信号分别送给 R、S 端，即 $R=\overline{D}$，$S=D$，如图 5-11（a）所示，就构成了同步 D 触发器。很容易验证，该电路满足 D 触发器的逻辑功能，但有同步触发器的空翻现象。

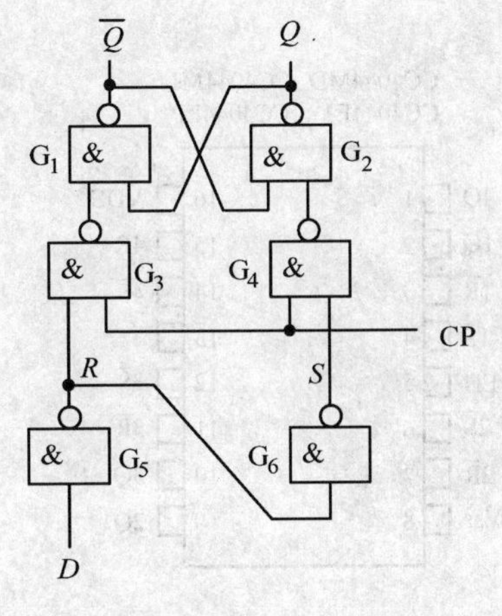

（a）同步 D 触发器

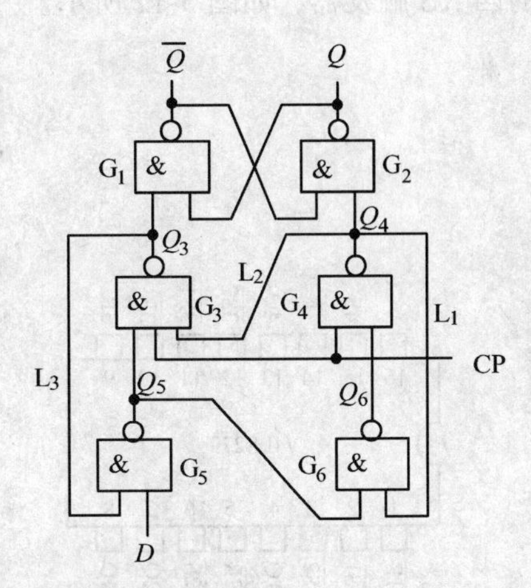

（b）维持一阻塞边沿 D 触发器

图 5-11 D 触发器的逻辑图

为了克服空翻，并具有边沿触发器的特性，在图 5-11（a）电路的基础上引入三根反馈线 L_1、L_2、L_3，如图 5-11（b）所示，其工作原理从以下两种情况分析。

（a）输入 $D=1$。

在 $CP=0$ 时，G_3、G_4 被封锁，$Q_3=1$、$Q_4=1$，G_1、G_2 组成的基本 RS 触发器保持原状态不变。因 $D=1$，G_5 输入全 1，输出 $Q_5=0$，它使 $Q_3=1$，$Q_6=1$。当 CP 由 0 变 1 时，G_4 输入全 1，输出 Q_4 变为 0。继而，Q 翻转为 1，$\bar{Q}$ 翻转为 0，完成了使触发器翻转为 1 状态的全过程。同时，一旦 Q_4 变为 0，通过反馈线 L_1 封锁了 G_6 门，这时如果 D 信号由 1 变为 0，只会影响 G_5 的输出，不会影响 G_6 的输出，维持了触发器的 1 状态。因此，称 L_1 线为置 1 维持线。同理，Q_4 变 0 后，通过反馈线 L_2 也封锁了 G_3 门，从而阻塞了置 0 通路，故称 L_2 线为置 0 阻塞线。

（b）输入 $D=0$。

在 $CP=0$ 时，G_3、G_4 被封锁，$Q_3=1$、$Q_4=1$，G_1、G_2 组成的基本 RS 触发器保持原状态不变。因 $D=0$，$Q_5=1$，G_6 输入全 1，输出 $Q_6=0$。当 CP 由 0 变 1 时，G_3 输入全 1，输出 Q_3 变为 0。继而，$\bar{Q}$ 翻转为 1，Q 翻转为 0，完成了使触发器翻转为 0 状态的全过程。同时，一旦 Q_3 变为 0，通过反馈线 L_3 封锁了 G_5 门，这时无论 D 信号再怎么变化，也不会影响 G_5 的输出，从而维持了触发器的 0 状态。因此，称 L_3 线为置 0 维持线。

可见，维持—阻塞触发器是利用了维持线和阻塞线，将触发器的触发翻转控制在 CP 上跳沿到来的一瞬间，并接收 CP 上跳沿到来前一瞬间的 D 信号。维持—阻塞触发器因此而得名。

5.3.2 常见集成触发器的型号和功能

1. 基本 RS 触发器

集成基本 RS 触发器有 TTL 和 CMOS 类型，74LS279 是 TTL 型的四 $\overline{RS}$ 触发器，CC4044 是 CMOS 的四 $\overline{RS}$ 触发器，如图 5-12 所示。

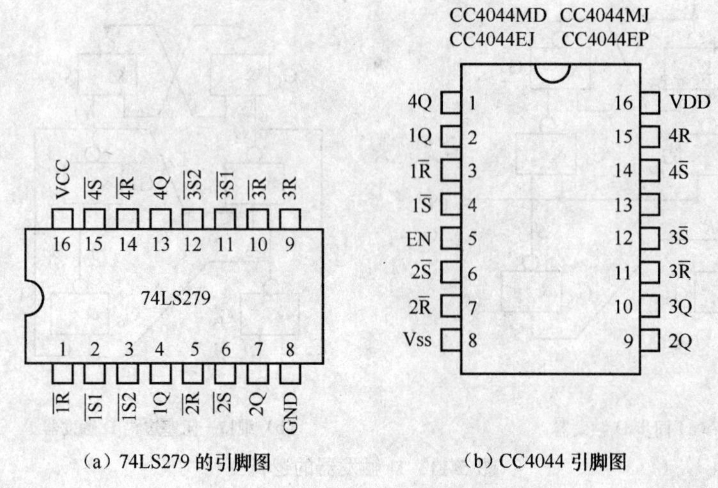

（a）74LS279 的引脚图　　（b）CC4044 引脚图

图 5-12　基本 RS 触发器的引脚图

2. D 触发器

74LS175 属于 TTL 边沿型四 D 触发器，为 CP 上升沿触发；CC4013 属于 CMOS 边沿型双 D 触发器，为 CP 上升沿触发。引脚图如 5-13 所示。

3. JK 触发器

74LS112 属于 TTL 下降沿触发边沿型双 JK 触发器；CC4027 属于 CMOS 上升沿触发边沿型双 JK 型触发器。引脚图如图 5-14 所示。

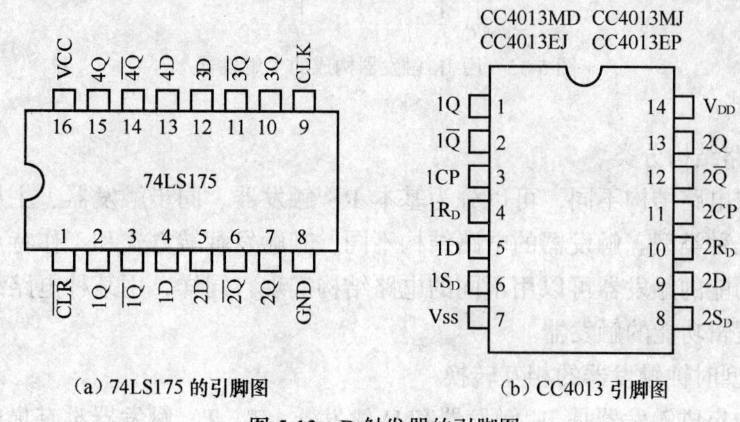

（a）74LS175 的引脚图　　（b）CC4013 引脚图

图 5-13　D 触发器的引脚图

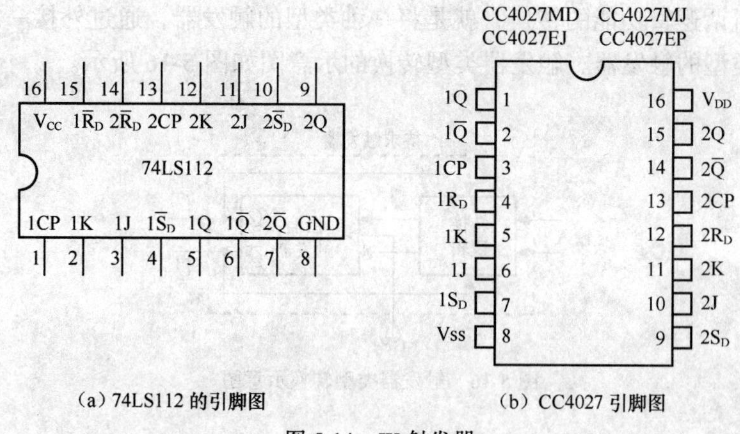

（a）74LS112 的引脚图　　（b）CC4027 引脚图

图 5-14　JK 触发器

5.4 知识拓展

从前一节的分析可以看出，触发器信号输入的方式不同（有单端输入的，也有双端输入的），触发器的状态随输入信号翻转的规律也不同，因此，它们的逻辑功能也不完全一样。

1. 按照逻辑功能分类

按照逻辑功能的不同特点，通常将时钟控制的触发器分为 RS、JK、D、T 等 4 种

类型。

如果将 JK 触发器的 J 和 K 相连作为 T 输入端就构成了 T 触发器，如图 5-15 所示。

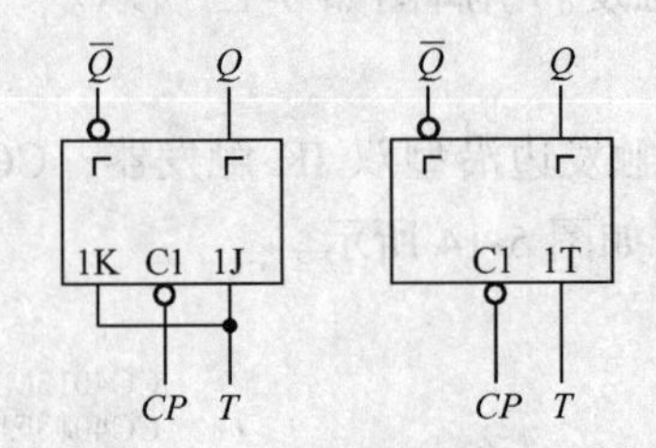

图 5-15　用 JK 触发器构成的 T 触发器

2. 按照电路结构分类

触发器按照电路结构不同，可以分为基本 RS 触发器、同步触发器、主从型触发器、边沿触发器等几种类型。触发器的电路结构不同，其触发翻转方式和工作特点也不相同。具有某种逻辑功能的触发器可以用不同的电路结构实现，同样，用某种电路结构形式也可以构造出不同逻辑功能的触发器。

3. 不同类型时钟触发器的相互转换

但最常见的集成触发器是 JK 触发器和 D 触发器。T、T′ 触发器没有集成产品，需要时，可用其他触发器转换成 T 或 T′ 触发器。JK 触发器与 D 触发器之间的功能也是可以互相转换的。所谓逻辑功能的转换，就是将一种类型的触发器，通过外接一定的逻辑电路后转换成另一类型的触发器。触发器类型转换的示意图如图 5-16 所示。

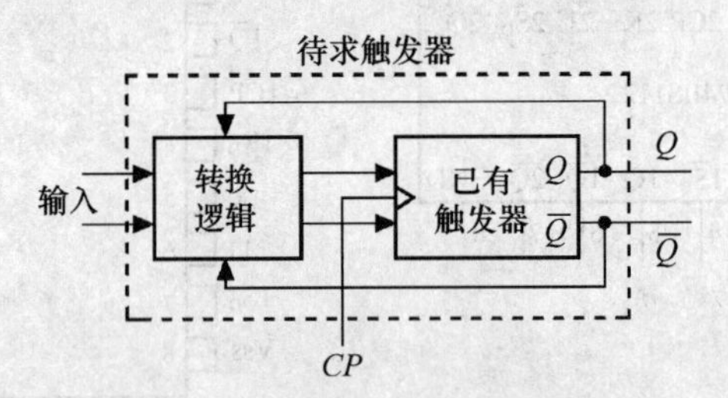

图 5-16　触发器类型转换示意图

转换步骤如下。

① 写出已有触发器和待求触发器的特性方程。

② 变换待求触发器的特性方程，使之形式与已有触发器的特性方程一致。

③ 比较已有触发器和待求触发器的特性方程，根据两个方程相等的原则求出转换逻辑。

④ 根据转换逻辑画出逻辑电路图。

（1）从 JK 触发器转换成其他功能的触发器，如图 5-17 所示。

（2）从 D 触发器转换成其他功能的触发器，如图 5-18 所示。

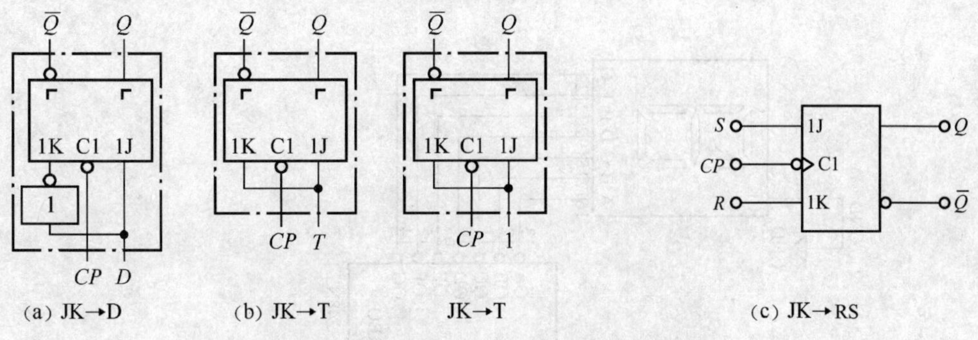

图 5-17　JK 触发器转换成其他功能的触发器

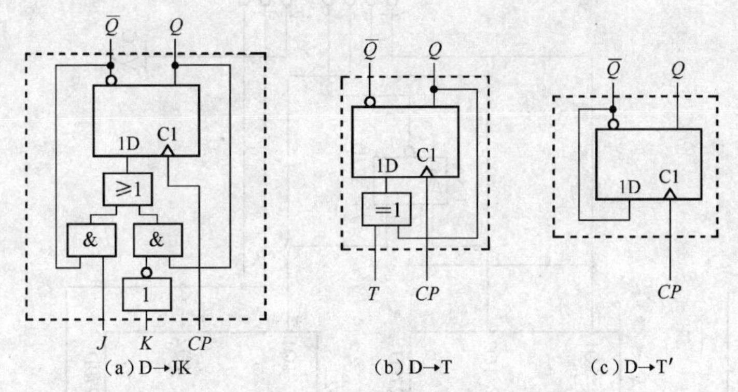

图 5-18　D 触发器转换成其他功能的触发器

5.5 任务分析与实现

5.5.1　任务分析

1. 电路图

电路图如图 5-19 所示。

2. 电路分析

主持人控制部分：开关 J9 控制是否开始答题，开关闭合使 RS 触发器的 R 端（复位端）为高电平，由 S 端（置位端）决定输出 Q 的状态，则正常答题；开关打开使 RS 触发器的 R 端（复位端）为低电平，则输出为 0，不能答题。LED1 起指示作用，正常答题时 BI/RBO 作为输出端，输出高电平，LED1 亮；否则 BI/RBO 作为输入端，输入低电平，七段译码显示器实现灭灯。

锁存部分：为实现地址锁存采用 74LS279 芯片完成。74LS279 为基本 RS 触发器芯片，RS 锁存器接收编码器输出的信号，并将此信号锁存好，再送给译码显示电路进行数码显示。

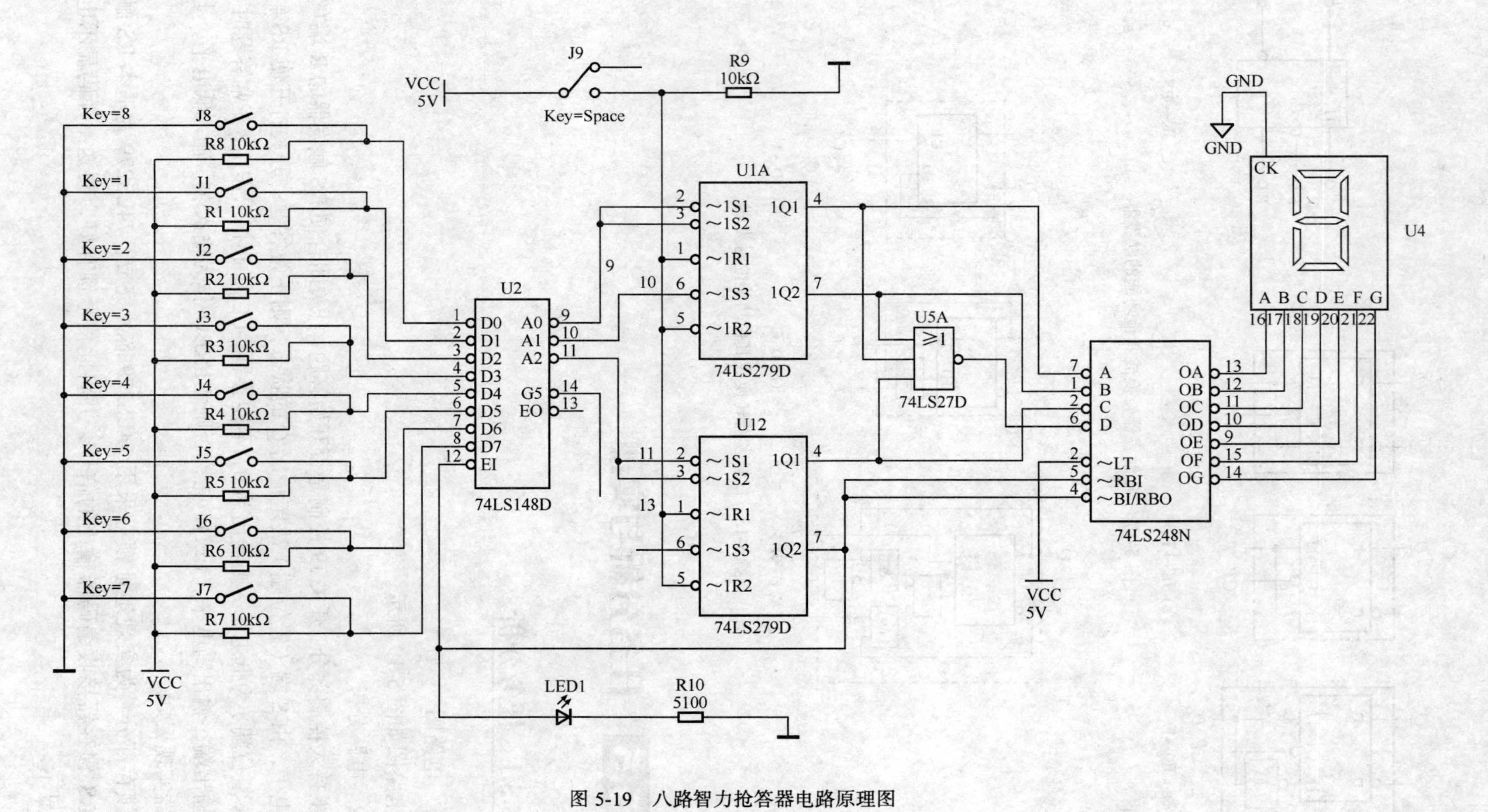

图 5-19　八路智力抢答器电路原理图

5.5.2　任务实现

1. 电子元器件的检测与筛选

用万用表检测电阻、开关、二极管；用 IC 测试仪检测 74I8279。

2. 元器件清单

元器件清单如表 5-4 所示。

表 5-4　元器件清单

名称	型号	数量
已完成的数码显示电路		1
基本 RS 触发器	74LS279	1
电阻	10kΩ、510Ω	各 1 个
二极管		1
常开开关		1

3. 电路的连接

连接时注意芯片的引脚排列。

4. 电路的检测与调试

电路连接完成后，首先不要通电，对照原理图检查电路的连线是否正确，元件的引脚及导线的端头是否连接良好。一切检查完后，将电路接通 5V 电源，J9 断开，数码管熄灭。合上 J9，按下某一抢答开关，数码管应显示相应的号码，J9 断开，数码管熄灭。

5. 功能扩展

在此基础上电路可以继续扩展，如加声音报号码、倒计时等，读者可继续完善电路。

5.6　评分标准

本项任务的评分标准见表 5-5。

表 5-5　评分标准

任务：八路智力抢答器的分析与制作			组员：			
项目	分值	考核标准	扣分标准	扣分	得分	备注
电路分析	30 分	能正确分析电路的工作原理	每处错误扣 5 分			
电路连接	30 分	1. 正确测量元器件； 2. 工具使用正确； 3. 元件位置，连线正确	1. 不能正确测量元器件，不能正确使用工具，每处扣 2 分； 2. 错装、漏装，每处扣 5 分			

续表

任务：八路智力抢答器的分析与制作			组员：			
项目	分值	考核标准	扣分标准	扣分	得分	备注
电路调试	10分	J9断开，数码管熄灭，J9闭合应能正确抢答，显示优先抢答号码，LED亮，并具有自锁和互锁的功能	1. 开关J9不能启动抢答，或不能将数码管清零，扣2分； 2. 各组抢答不具有互锁或自锁功能，扣2分； 3. 数码管不能正确显示优先抢答的号码，扣2分			
故障检修	20分	1. 检修思路清晰，正确判断故障原因，方法运用得当； 2. 检修结果正确； 3. 正确使用仪表	1. 检修思路不清晰，故障原因分析错误，每次扣2分； 2. 检修结果错误，每次扣2分； 3. 仪表使用错误，每次扣2分			
安全文明工作	10分	1. 安全用电，无人为损坏仪器、元件和设备； 2. 保持环境整洁，秩序井然，操作习惯良好； 3. 小组成员协作和谐，态度正确； 4. 不迟到、早退、旷课	1. 发生安全事故，扣10分； 2. 人为损坏设备、元器件，扣10分； 3. 现场不整洁、工作不文明，团队不协作，扣5分； 4. 不遵守考勤制度，每次扣5分			
总分						

本章小结

触发器是指具有接收、保持和输出功能的电路，它是构成时序逻辑电路的基本单元电路。一个触发器能存储1位二进制信息。

触发器的分类方式有很多，其中按触发方式来分有非时钟控制型和时钟控制型两大类，基本RS触发器是非时钟控制型触发器，而时钟控制型触发器有同步型触发器、主从型触发器和边沿型触发器。由于边沿型触发器的输出状态仅仅取决于CP上沿或下沿时刻的输入状态，可靠性及抗干扰能力更强。边沿触发器使用最多，按特性分有RS触发器、JK触发器、D触发器、和T触发器4种类型。

常用的集成触发器以TTL电路和CMOS电路为主，虽然它们的电路形式各不相同，但同结构的电路工作原理相似。在选用时应根据需要从速度、功耗、触发方式等方面权衡考虑。

不同类型时钟触发器之间可以按逻辑功能相互转换，就是将一种类型的触发器，通过外接一定的逻辑电路后转换成另一类型的触发器。

本章推荐实验：74LS279、74LS175、74LS112芯片功能的测试与应用。

思考练习题

1. 触发器有什么特点？它是如何划分的？

2. 分别写出各个触发器的特性方程。

3. 触发器与门电路有何区别？

4. 基本 RS 触发器的逻辑符号和输入波形如题图 5-1 所示。试画出 Q，$\overline{Q}$ 端的波形。

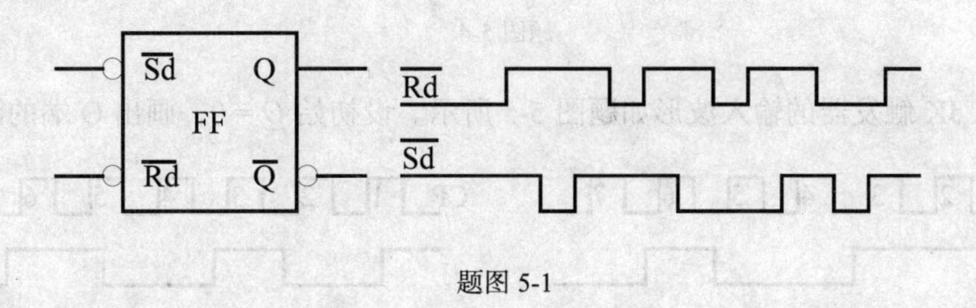

题图 5-1

5. 同步 RS 触发器，若初始状态 $Q=1, \overline{Q}=0$，试根据下面题图 5-2 所示的 CP、R、S 端的信号波形，画出 Q 和 $\overline{Q}$ 的波形。

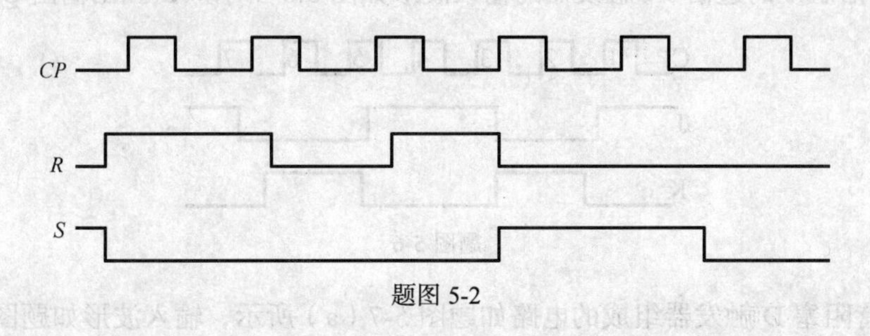

题图 5-2

6. 由各种 TTL 逻辑门组成题图 5-3 所示电路。分析图中各电路是否具有触发器的功能。

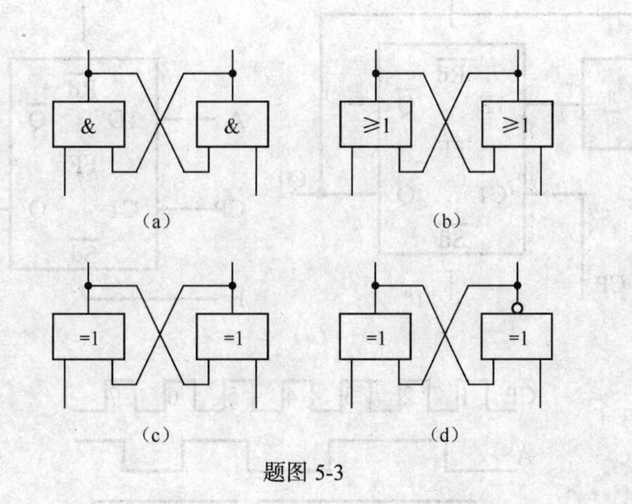

题图 5-3

7. 主从 RS 触发器输入信号的波形如题图 5-4 所示。已知初始 $Q=0$，试画出 Q 端波形。

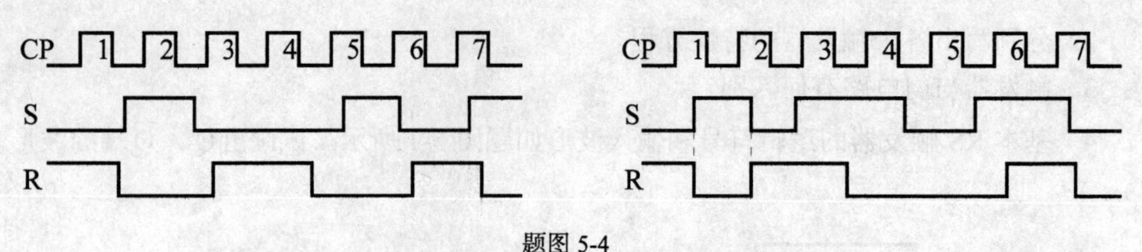

题图 5-4

8. 主从 JK 触发器的输入波形如题图 5-5 所示。设初始 $Q=0$，画出 Q 端的波形。

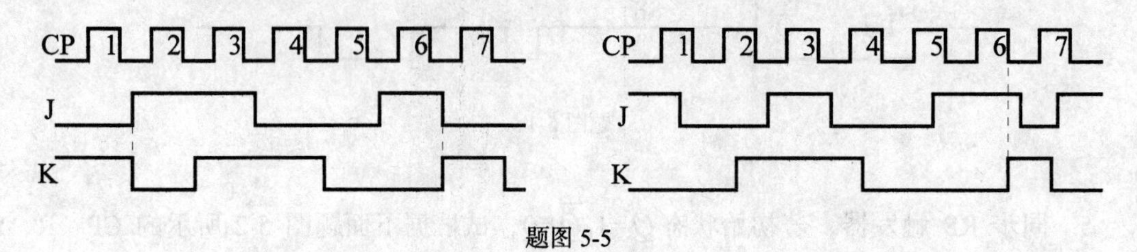

题图 5-5

9. 下降沿触发的边沿 JK 触发器的输入波形如图 5.6 所示。试画出输出 Q 的波形。

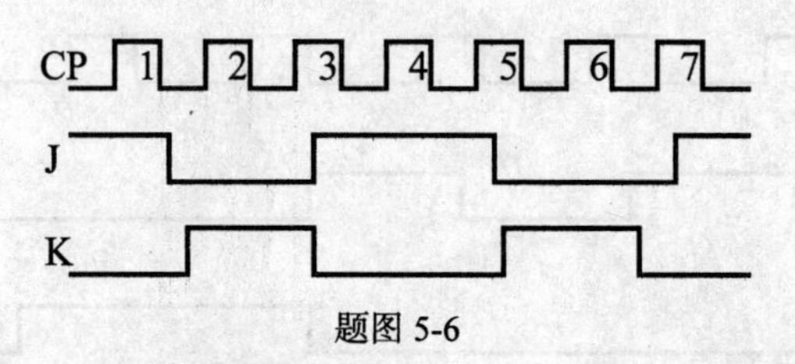

题图 5-6

10. 维持阻塞 D 触发器组成的电路如题图 5-7（a）所示，输入波形如题图 5-7（b）所示。画出 Q_1、Q_2 的波形。

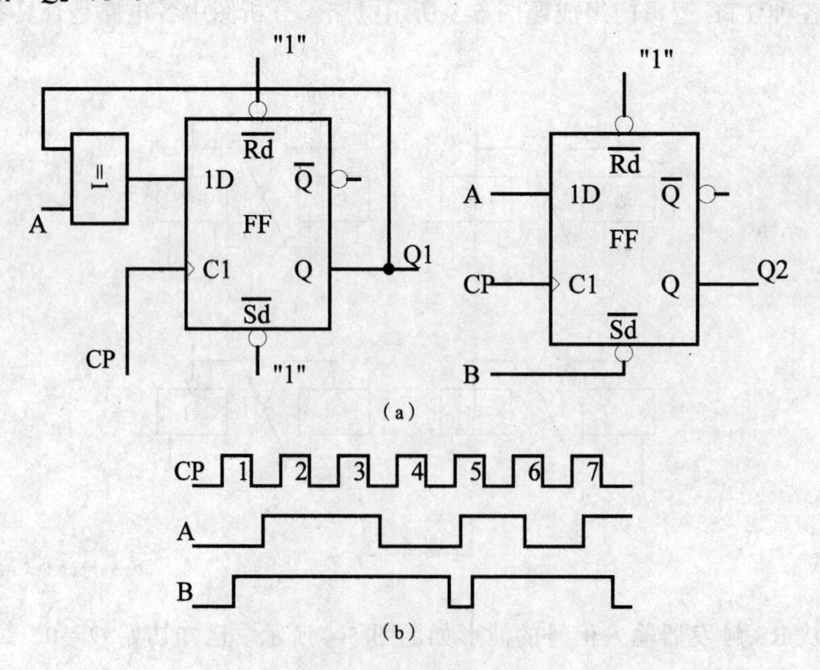

题图 5-7

11. T 触发器组成如题图 5-8 所示电路。分析电路功能，写出电路的状态方程，并画出状态转换图。

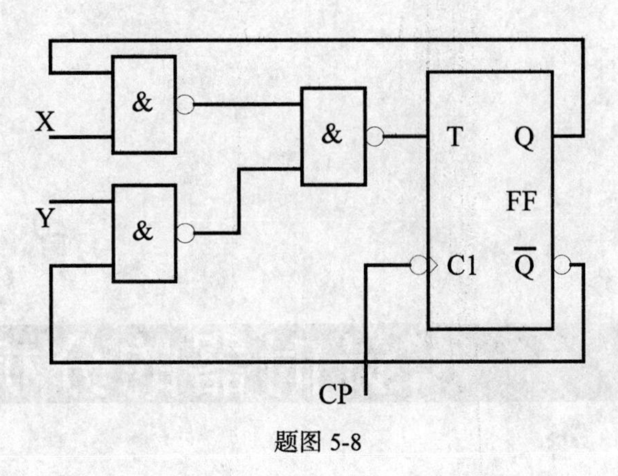

题图 5-8

12. RS 触发器组成如题图 5-9 所示电路。分析电路功能，写出电路的特征方程，并画出其状态转换图。

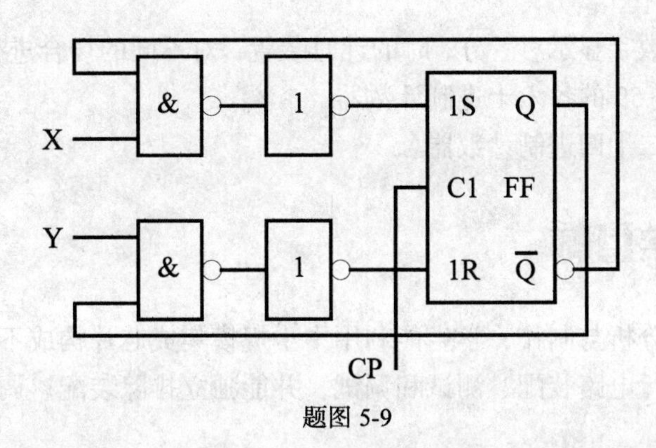

题图 5-9

实训操作题

设计并制作供四人用的抢答器装置，用以判断抢答的优先权。

要求：抢答开始时，由主持人清除信号，按下复位开关 S，所有的 LED 都熄灭；当主持人宣布抢答开始后，首先做出判断的参赛者立即按下开关，对应的 LED 点亮，同时，通过与非门送出信号锁住其余三个抢答者的电路，不再接收其他信号，直到主持人再次清除信号为止。

第6章 计时器的分析与制作

6.1 项目描述

计时器是常用的数字显示秒、分、时的计时装置，对不同的场合进行计时，要求如下。

① 秒、分为 00～59 的各六十进制计数器。

② 时为 00～23 二十四进制计数器。

6.2 教学目标

通过对计时器的分析与制作，学生能利用中小规模集成芯片构成不同进制的计数器，能按工艺要求独立进行电路装配、测试和调试，并能独立排除装配、调试过程中出现的简单故障。

6.3 必备知识

数字电路通常分为组合逻辑电路和时序逻辑电路两大类，组合逻辑电路的有关内容在前面的章节里已经作了介绍。组合逻辑电路的特点是输入的变化直接反映了输出的变化，其输出的状态仅取决于输入的当前状态，与输入、输出的原始状态无关；时序电路是一种输出不仅与当前的输入有关，而且与其输出状态的原始状态有关，其相当于在组合逻辑的输入端加上了一个反馈输入，在其电路中有一个存储电路，可以保持输出的状态。可以用图 6-1 所示的框图来描述时序电路的构成，一般来说，它由组合逻辑电路和触发器两部分组成。

按照电路状态转换情况的不同，时序电路分为同步时序电路和异步时序电路两大类。

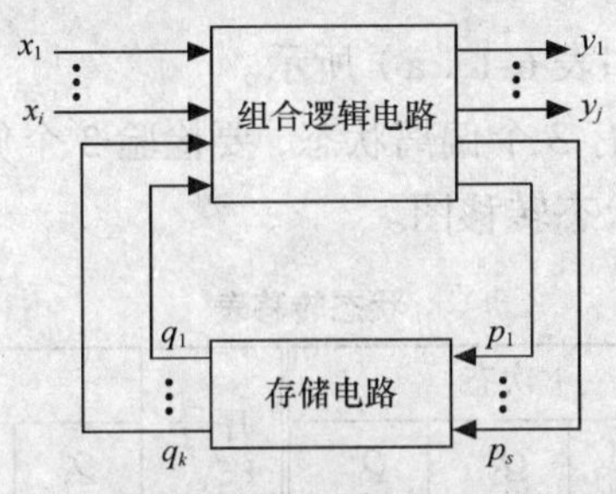

图 6-1　时序逻辑电路结构图

按照电路中输出变量是否和输入变量直接相关，时序电路又分为米里（Mealy）型电路和莫尔（Moore）型电路。米里型电路的外部输出 Z 既与触发器的状态 Q^n 有关，又与外部输入 X 有关。莫尔型电路的外部输出 Z 仅与触发器的状态 Q^n 有关，而与外部输入 X 无关。

按逻辑功能分，典型的有计数器、寄存器、移位寄存器、顺序脉冲发生器等，以及实现各种不同操作的时序电路。

6.3.1　时序逻辑电路的分析

例 1：分析如图 6-2 所示电路的逻辑功能。

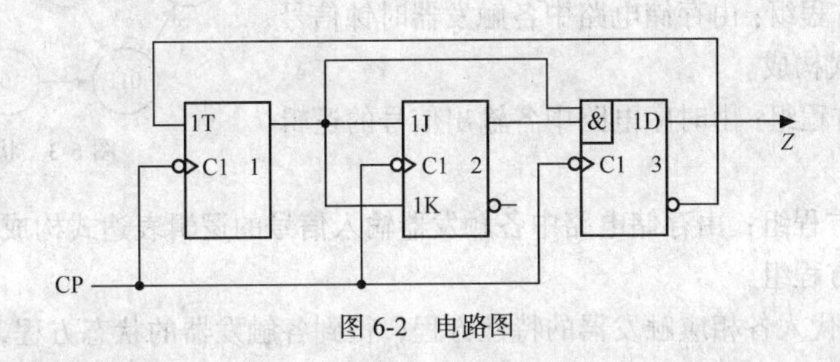

图 6-2　电路图

解　由电路可列出各方程。

（1）时钟表达式为 $CP_1 = CP_2 = CP_3 = CP\downarrow$，为同步时序逻辑电路。

（2）各触发器的驱动方程为

$$T_1 = \overline{Q_3^n}$$

$$J_2 = K_2 = Q_1^n$$

$$D_3 = Q_2^n Q_1^n$$

（3）各触发器的状态转移方程为

$$Q_1^{n+1} = T_1 \overline{Q_1^n} + \overline{T_1} Q_1^n = \overline{Q_3^n} \square \overline{Q_1^n} + Q_3^n Q_1^n$$

$$Q_2^{n+1} = J_2 \overline{Q_2^n} + \overline{K_2} Q_2^n = Q_1^n \overline{Q_2^n} + \overline{Q_1^n} Q_2^n$$

$$Q_3^{n+1} = D = Q_1^n Q_2^n$$

（4）列出状态转移表，如表 6-1（a）所示。

除去 5 个有效状态外，还有 3 个偏离状态，要检验 3 个偏离状态的转移情况，如表 6-1（b）所示，才能得到完整的状态转移图。

表 6-1　　状态转移表

序号	初态			次态		
	Q_3^n	Q_2^n	Q_1^n	Q_3^{n+1}	Q_2^{n+1}	Q_1^{n+1}
0	0	0	0	0	0	1
1	0	0	1	0	1	0
2	0	1	0	0	1	1
3	0	1	1	1	0	0
4	1	0	0	0	0	0

（a）

序号	初态			次态		
	Q_3^n	Q_2^n	Q_1^n	Q_3^{n+1}	Q_2^{n+1}	Q_1^{n+1}
5	1	0	1	0	1	1
6	1	1	0	0	1	0
7	1	1	1	1	0	1

（b）

（5）状态转移图如图 6-3 所示。

（6）该电路的逻辑功能是模 5 同步计数器，具有自启动功能。

由上例我们可以得出一般时序逻辑电路的分析步骤如下。

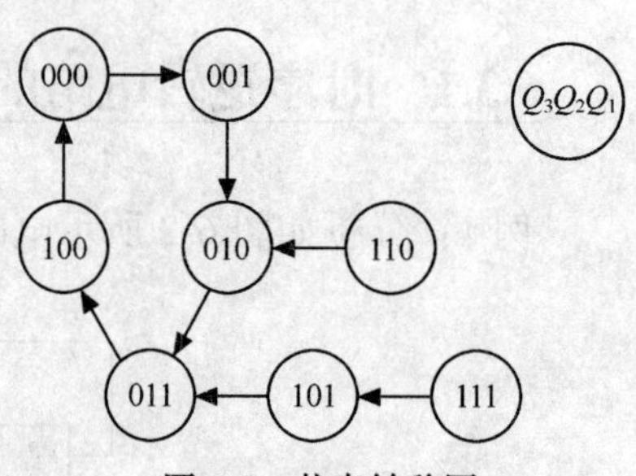

图 6-3　状态转移图

1. 写方程组

根据给定的逻辑电路图分别写出下列方程组。

（1）时钟方程组：由存储电路中各触发器时钟信号 CP 的逻辑表达式构成。

（2）输出方程组：由时序电路中各输出信号的逻辑表达式构成。

（3）驱动方程组：由存储电路中各触发器输入信号的逻辑表达式构成。

2. 求状态方程组

将驱动方程代入各相应触发器的特性方程，得到各触发器的状态方程，即各触发器次态的输出逻辑表达式。

3. 列状态转换表，画状态转换图

依次假定电路现态 Q^n，代入状态方程组和输出方程组，求出相应的次态 Q^{n+1} 和输出。并列表、画图，更为直观地反映电路工作特性。

4. 说明电路功能

说明电路为何种功能电路，能否自启动。

6.3.2　计数器

计数器就是用以统计输入脉冲 CP 个数的电路。

计数器的种类繁多，按计数进制可分为二进制计数器和非二进制计数器。非二进制计数器中最典型的是十进制计数器。按数字的增减趋势可分为加法计数器、减法计数器和可逆计数器。按计数器中触发器翻转是否与计数脉冲同步分为同步计数器和异步计数器。

1. 二进制同步计数器

（1）二进制同步加法计数器

图 6-4 所示为由 4 个 JK 触发器组成的 4 位同步二进制加法计数器的逻辑图。图中各触发器的时钟脉冲输入端接同一计数脉冲 CP，显然，这是一个同步时序电路。

各触发器的驱动方程分别为

$$J_0 = K_0 = 1, \quad J_1 = K_1 = Q_0,$$

$$J_2 = K_2 = Q_0Q_1, \quad J_3 = K_3 = Q_0Q_1Q_2$$

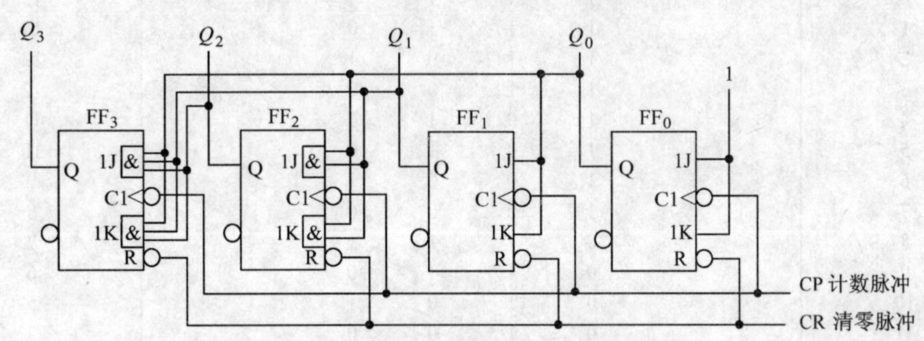

图 6-4　4 位同步二进制加法计数器的逻辑图

由于该电路的驱动方程规律性较强，也只需用“观察法”就可画出时序波形图或状态表，如表 6-2 所示。

表 6-2　　4 位二进制同步加法计数器的状态表

计数脉冲序号	电路状态				等效十进制数
	Q_3	Q_2	Q_1	Q_0	
0	0	0	0	0	0
1	0	0	0	1	1
2	0	0	1	0	2
3	0	0	1	1	3
4	0	1	0	0	4
5	0	1	0	1	5
6	0	1	1	0	6
7	0	1	1	1	7
8	1	0	0	0	8
9	1	0	0	1	9
10	1	0	1	0	10
11	1	0	1	1	11
12	1	1	0	0	12
13	1	1	0	1	13
14	1	1	1	0	14
15	1	1	1	1	15

（2）二进制同步减法计数器

4 位二进制同步减法计数器的状态表如表 6-3 所示，分析其翻转规律并与 4 位二进制同步加法计数器相比较，很容易看出，只要将图 6-4 所示电路的各触发器的驱动方程改为

$$J_0 = K_0 = 1$$

$$J_1 = K_1 = \overline{Q_0}$$

$$J_2 = K_2 = \overline{Q_0}\,\overline{Q_1}$$

$$J_3 = K_3 = \overline{Q_0}\,\overline{Q_1}\,\overline{Q_2}$$

就构成了 4 位二进制同步减法计数器，状态表如表 6-3 所示。

表 6-3　　4 位二进制同步减法计数器的状态表

计数脉冲序号	电路状态				等效十进制数
	Q_3	Q_2	Q_1	Q_0	
0	1	1	1	1	15
1	1	1	1	0	14
2	1	1	0	1	13
3	1	1	0	0	12
4	1	0	1	1	11
5	1	0	1	0	10
6	1	0	0	1	9
7	1	0	0	0	8
8	0	1	1	1	7
9	0	1	1	0	6
10	0	1	0	1	5
11	0	1	0	0	4
12	0	0	1	1	3
13	0	0	1	0	2
14	0	0	0	1	1
15	0	0	0	0	0

（3）二进制同步可逆计数器

既能作加计数又能作减计数的计数器称为可逆计数器。将前面介绍的 4 位二进制同步加法计数器和减法计数器合并起来，并引入一加/减控制信号 X 便构成 4 位二进制同步可逆计数器，如图 6-5 所示。由图可知，各触发器的驱动方程为

$$J_0 = K_0 = 1$$

$$J_1 = K_1 = XQ_0 + \overline{X}\,\overline{Q_0}$$

$$J_2 = K_2 = XQ_0Q_1 + \overline{X}\,\overline{Q_0}\,\overline{Q_1}$$

$$J_3 = K_3 = XQ_0Q_1Q_2 + \overline{X}\,\overline{Q_0}\,\overline{Q_1}\,\overline{Q_2}$$

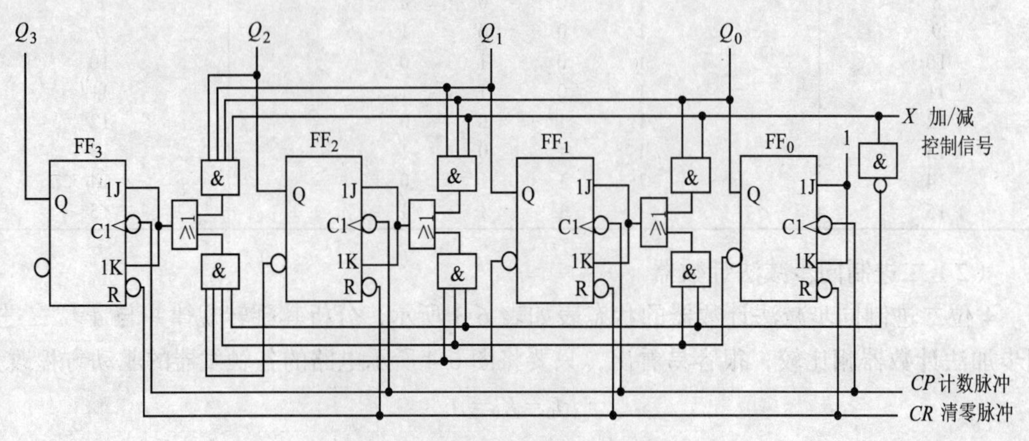

图 6-5　二进制可逆计数器的逻辑图

当控制信号 $X=1$ 时，FF_1～FF_3 中的各 J、K 端分别与低位各触发器的 Q 端相连，作加法计数；当控制信号 $X=0$ 时，FF_1～FF_3 中的各 J、K 端分别与低位各触发器的 $\overline{Q}$ 端相连，作减法计数，实现了可逆计数器的功能。

（4）集成同步计数器

① 可预置数码的十进制计数器 74LS160

引脚图如图 6-6 所示，功能表如表 6-4 所示。

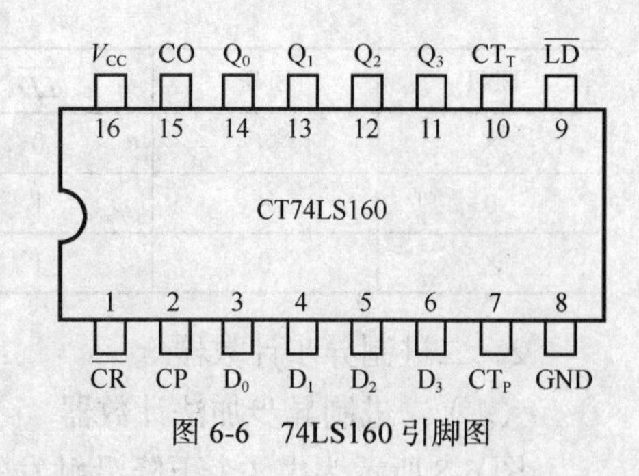

图 6-6　74LS160 引脚图

表 6-4　　74LS160 功能表

输入									输出			
$\overline{CR}$	$\overline{LD}$	CP_P	CP_T	CP	D_3	D_2	D_1	D_0	Q_3	Q_2	Q_1	Q_0
0	×	×	×	×	×	×	×	×	0	0	0	0
1	.0	×	×	↑	d_3	d_2	d_1	d_0	d_3	d_2	d_1	d_0
1	.1	1	1	↑	×	×	×	×	模 10 加法计数			
1	.1	0	×	×	×	×	×	×	保持			
1	.1	×	0	×	×	×	×	×	保持			

说明：

a. $\overline{CR}=0$ 时，计数器清零，$Q_3Q_2Q_1Q_0=0000$。

b. 当 $\overline{CR}=1$，而 $\overline{LD}=0$ 时，计数器进行预置数码的操作。

c. 当 $\overline{CR}=\overline{LD}=1$，而 $CP_P=CP_T=1$ 时，计数器执行加法计数操作。

d. 当 $\overline{CR}=\overline{LD}=1$，而 CP_P 或 CP_T 有一个是低电平 0 时，不论其余各端的状态如何，计数器保持原来状态不变。

② 可预置数码十六进制计数器 C40161

C40161 有 4 个输出端 Q_0、Q_1、Q_2、Q_3，$\overline{CR}$ 为异步清除端，当 $\overline{CR}=1$ 时，为计数器输出；当 $\overline{CR}=0$ 时，计数器清零，即 $Q_0=Q_1=Q_2=Q_3=0$。EN_P、EN_T 为使能端，当 $EN_P=EN_T=1$，$\overline{CR}=1$ 时，计数器为计数状态；当 $EN_P=0$ 或 $EN_T=0$，$\overline{CR}=1$ 时，计数器为保持状态。$\overline{LD}$ 为同步预置端。D_0、D_1、D_2、D_3 为同步预置数码输入端。引脚图如图 6-7 所示。

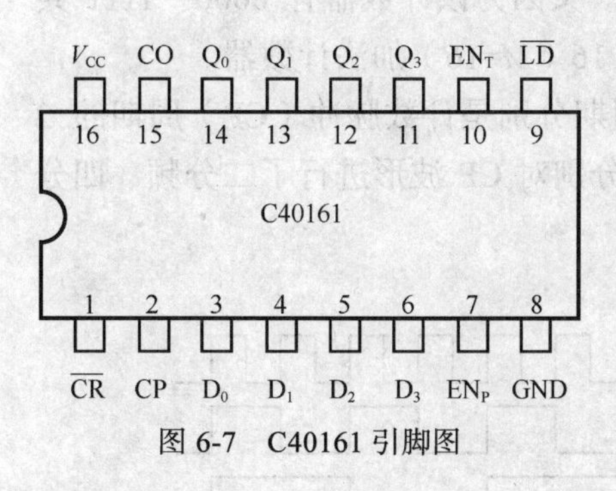

图 6-7　C40161 引脚图

$\overline{LD}=1$ 时，计数器为计数或保持状态，$\overline{LD}=0$ 实现同步预置，$Q_0=D_0$，$Q_1=D_1$，$Q_2=D_2$，$Q_3=D_3$。C40161 功能表如表 6-5 所示。

表 6-5　　C40161 功能表

ENT	ENP	$\overline{LD}$	$\overline{CR}$	CP	执行功能
×	×	×	0	×	清 0
1	1	1	1	↑	模十六计数

续表

ENT	ENP	$\overline{LD}$	$\overline{CR}$	CP	执行功能
×	×	0	1	↑	同步预置
0	×	1	1	↑	保持
×	0	1	1	↑	保持

2. 二进制异步计数器

（1）二进制异步加法计数器

图 6-8 所示为由 4 个下降沿触发的 JK 触发器组成的 4 位异步二进制加法计数器的逻辑图。图中 JK 触发器都接成 T’触发器（即 $J=K=1$）。最低位触发器 FF_0 的时钟脉冲输入端接计数脉冲 CP，其他触发器的时钟脉冲输入端接相邻低位触发器的 Q 端。

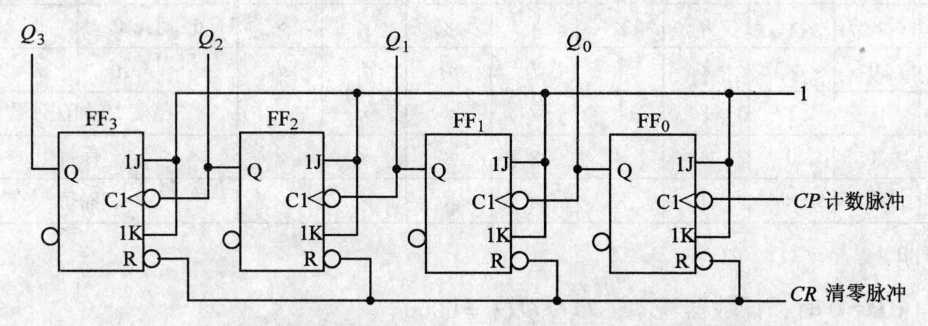

图 6-8　由 JK 触发器组成的 4 位异步二进制加法计数器的逻辑图

由于该电路的连线简单且规律性强，无须用前面介绍的分析步骤进行分析，只需作简单的观察与分析就可以画出时序波形图或状态图，这种分析方法称为“观察法”。

用“观察法”作出该电路的时序波形图如图 6-9 所示，状态图如图 6-10 所示。由状态图可见，从初态 0000（由清零脉冲所置）开始，每输入一个计数脉冲，计数器的状态按二进制加法规律加 1，所以是二进制加法计数器（4 位）。又因为该计数器有 0000～1111 共 16 个状态，所以也称 16 进制（1 位）加法计数器或模 16（M=16）加法计数器。

另外，从时序图可以看出，Q_0、Q_1、Q_2、Q_3 的周期分别是计数脉冲（CP）周期的 2 倍、4 倍、8 倍、16 倍，也就是说，Q_0、Q_1、Q_2、Q_3 分别对 CP 波形进行了二分频、四分频、八分频、十六分频，因而计数器也可作为分频器。

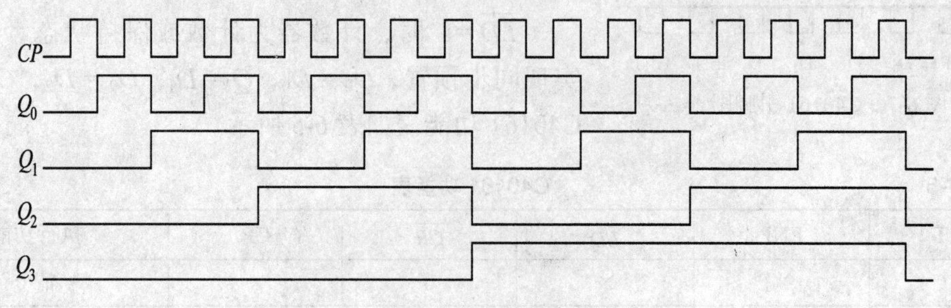

图 6-9　时序图

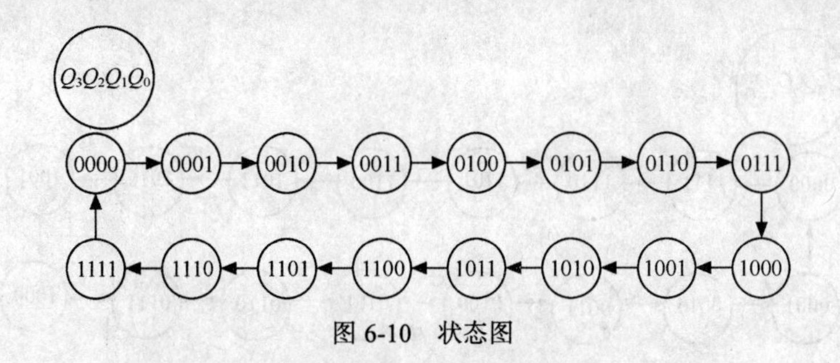

图 6-10　状态图

异步二进制计数器结构简单，只要改变级联触发器的个数，就可以很方便地改变二进制计数器的位数，n 个触发器构成 n 位二进制计数器或模 2^n 计数器，或 2^n 分频器。

由于异步计数器的计数脉冲 CP 接不同的触发脉冲，所以速度比同步计数器慢，但电路结构比同步计数器简单。

（2）二进制异步减法计数器

将图 6-8 所示电路中 FF_1、FF_2、FF_3 的时钟脉冲输入端改接到相邻低位触发器的 $\overline{Q}$ 端就可构成二进制异步减法计数器，其工作原理请读者自行分析。

图 6-11 所示是用 4 个上升沿触发的 D 触发器组成的 4 位异步二进制减法计数器的逻辑图，时序图和状态图分别如图 6-12 和图 6-13 所示。

从图 6-8 和图 6-11 可见，用 JK 触发器和 D 触发器都可以很方便地组成二进制异步计数器。方法是先将触发器都接成 T'触发器，然后根据加、减计数方式及触发器为上升沿还是下降沿触发来决定各触发器之间的连接方式。

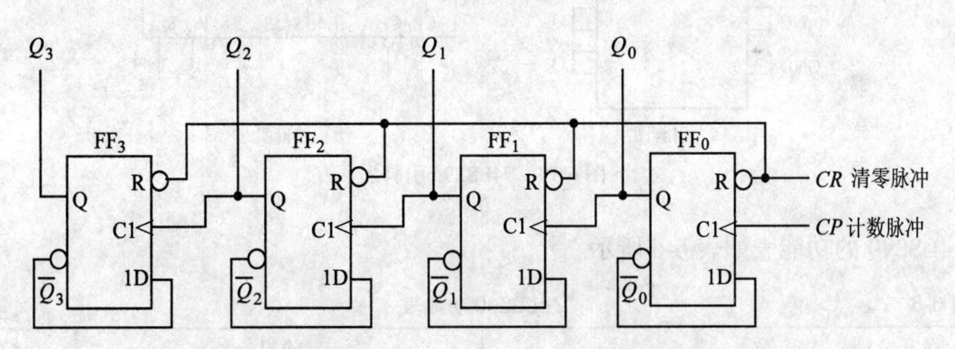

图 6-11　D 触发器组成的 4 位异步二进制减法计数器的逻辑图

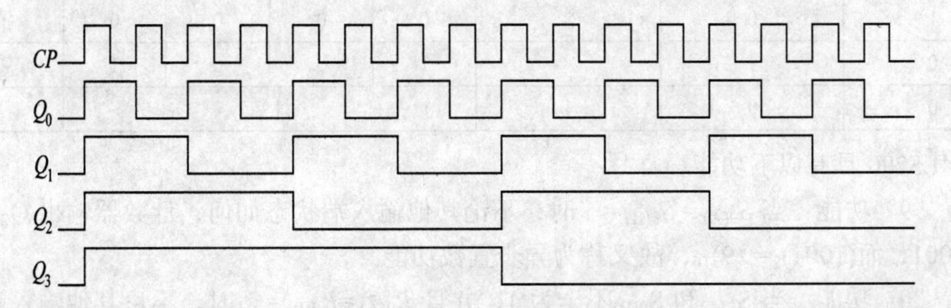

图 6-12　时序图

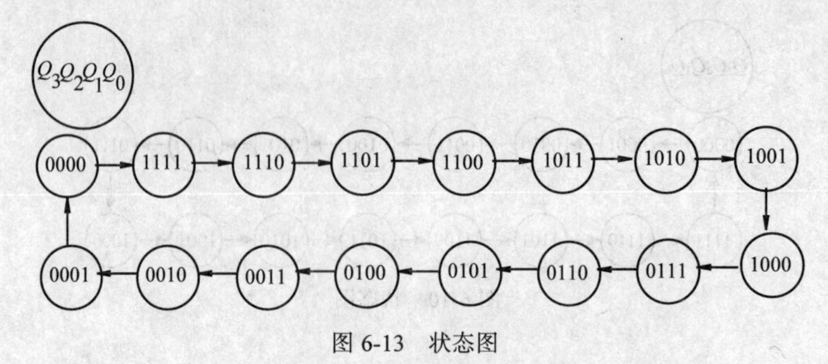

图 6-13　状态图

在二进制异步计数器中，高位触发器的状态翻转必须在相邻触发器产生进位信号（加计数）或借位信号（减计数）之后才能实现，所以异步计数器的工作速度较低。为了提高计数速度，可采用同步计数器。

（3）集成异步计数器简介

74LS290 是可预置数码的二—五—十进制计数器。

74LS290 的外引线排列如图 6-14 所示。

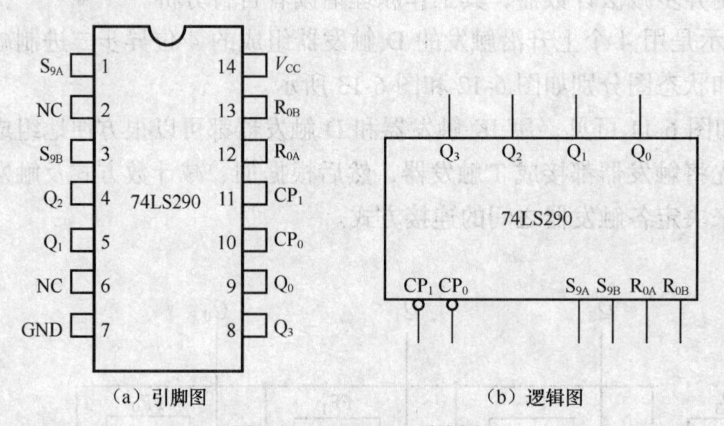

（a）引脚图　　（b）逻辑图

图 6-14　74LS290 引脚图

74LS290 的功能表如表 6-6 所示。

表 6-6　　74LS290 功能表

输入			输出				说明
$R_{0(A)} \cdot R_{0(B)}$	$S_{9(A)} \cdot S_{9(B)}$	CP	Q_3	Q_2	Q_1	Q_0	
1	0	×	0	0	0	0	清 0
0	1	×	1	0	0	1	置 9
0	0	↓	计数				

74LS290 具有以下功能。

置“9”功能：当 $S_{9(A)} = S_{9(B)} = 1$ 时，不论其他输入端状态如何，计数器输出 $Q_3\ Q_2\ Q_1\ Q_0 = 1001$，而$(1001)_2 = (9)_{10}$，故又称为异步置数功能。

置“0”功能：当 $S_{9(A)}$和 $S_{9(B)}$不全为 1，并且 $R_{0(A)} = R_{0(B)} = 1$ 时，不论其他输入端状态如何，计数器输出 $Q_3\ Q_2\ Q_1\ Q_0 = 0000$，故又称为异步清零功能或复位功能。

说明

当作用在 $\overline{CP_0}$、$\overline{CP_1}$ 端的触发脉冲下降沿到来后，进行以下计数操作：

从 $\overline{CP_0}$ 输入，Q_0 输出是 1 位二进制计数器；

从 $\overline{CP_1}$ 输入，$Q_1 \sim Q_3$ 输出为五进制计数器；

计数脉冲从 $\overline{CP_1}$ 端输入，将 $\overline{CP_0}$ 与 Q_3 相接，为十进制计数器，真值表如表 6-7 所示。因此，74LS290 又称为“二—五—十进制型集成计数器”。

表 6-7　　真值表

CP 序号	Q_0	Q_1	Q_2	Q_3
0	0	0	0	0
1	0	0	0	1
2	0	0	1	0
3	0	0	1	1
4	0	1	0	0
5	1	0	0	0
6	1	0	0	1
7	1	0	1	0
8	1	0	1	1
9	1	1	0	0
10	0	0	0	0

3. 集成计数器构成 N 进制计数器方法

利用集成计数器芯片的同步预置；异步清除功能，可适当连接引出端构成任意进制计数器。如六进制、九进制、十三进制等，通过级联，还可以组成如二十四进制、六十进制等。

（1）复位法

复位法是将原为 M 进制的计数器，利用计数器的异步清零端，使其直接清零。当计数器从初始置零状态计入 N 个计数脉冲后，将 N 的二进制状态处理为低电平，并将此信号送至异步清 0 端（R_D），使计数器强制清零、复位。再开始下一计数循环。计数器跳过（$M-N$）个状态，得到 N 进制计数器（$M>N$）。

例 2：试用 74LS160 采用复位法构成九进制计数器。

解　因为 74LS160 是十进制计数器，即 $M=10$，$M>N$，故可以构成九进制计数器。

方法：当电路从 $Q_3Q_2Q_1Q_0=0000$ 开始，计入九个脉冲后其状态为 $Q_3Q_2Q_1Q_0=1001$。将 Q_3 和 Q_0 的“1”电平经与非门加至 R_D 异步置零端。在 1001 出现的瞬间，$R_D=0$ 电路便复位，回到 0000 初态，跳过“9”而构成九进制计数。由于 1001 状态转瞬即逝，故称过渡状态，显然过渡状态不是计数器的独立工作状态。图 6-15 所示为 74LS160 构成九进制计数器的电路图。

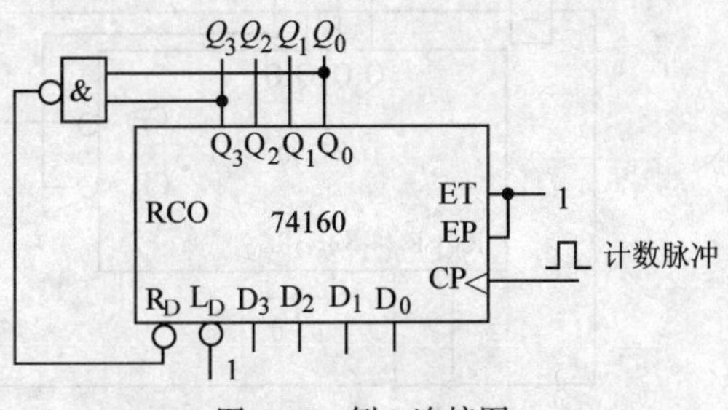

图 6-15　例 2 连接图

用反馈复位法可以方便地得到 N 进制计

数器。

（2）置位法

采用置位法构成 N 进制计数器电路，必须具有预置数功能。

其方法是：利用预置数功能端，使计数过程中跳过（M–N）个状态，强行置入某一设置数，当下一个计数脉冲输入时，电路从该状态开始下一循环。

例 3：试用 74LS161 采用置位法构成九进制计数器。

解：74LS161 为四位二进制同步计数器，可同步预置数，能构成 16 以内不同进制的计数器。选择循环顺序为 S0（0000）…S9（1000），非门信号取自 Q_3，当第 8 个 CP 脉冲上升沿到来时，计数器的状态为 1000，非门输出为低电平后使 $\overline{L_D}=0$，当第 9 个 CP 脉冲上升沿到来时，完成预置操作，计数器的状态为 $Q_3Q_2Q_1Q_0=D_3D_2D_1D_0=0000$，使计数器复 0。图 6-16 所示为 74LS161 构成九进制计数器电路图。

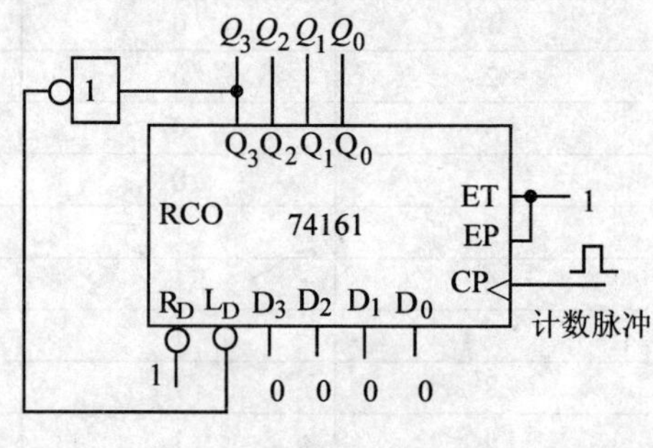

图 6-16　例 3 接线图

在构成 N 进制计数器时，可根据要求和器件功能选择合适的方式。

上两例中，分别利用计数器芯片的清零端和置位构成了九进制计数器。但 R_D 为异步清零端，而 L_D 为同步置数端，故在构成其他进制的计数器时必须考虑到同步和异步的区别，同步不需要过渡状态，而异步需要过渡状态。

（3）芯片级联

例 4：试用两片异步二—五—十进制计数器 74LS290 连接成八十二进制的计数器。

解：由于八十二进制计数器的模数已超过 10 而小于 100，所以可先将两片已连接成十进制计数器的 74290 级联成模 100 的计数器。级联时，要注意正确处理两片 74290 之间的进位关系。因 74290 无进位输出端，可由低位片 Q_3 引进位信号至高位片的 CP_1 端，这可以在低位片输出状态由 1001 变为 0000 时，向高位片的 CP_1 端提供一个脉冲下降沿，使高位计数，从而实现逢十进一。这种级联方式称为异步级联。

因为 74290 具有异步清零功能，所以构成八十二进制计数器，应利用输出状态 82（1000，0010）反馈清零。74290 构成的八十二进制计数器如图 6-17 所示。

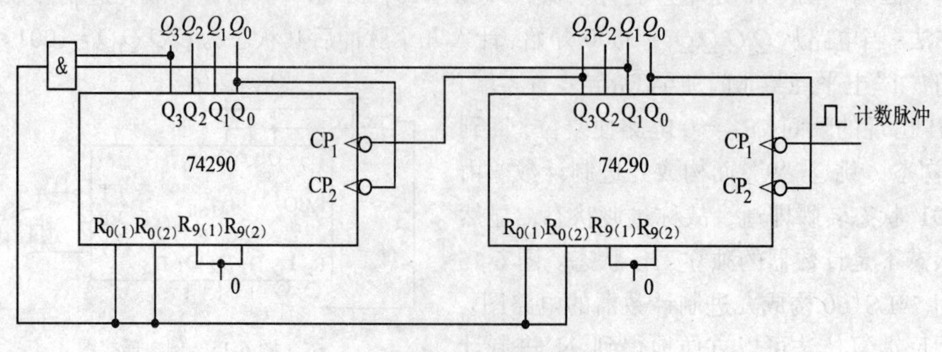

图 6-17　例 4 接线图

级联方法也可采用同步式。计数脉冲同时加在各芯片输入端，而将低位芯片进位输出作为高位芯片的片选或计数脉冲输入选通的控制信号。

例 5：试用计数器 74LS160 连接成八十二进制的计数器。

解：74160 是一种 8421BCD 码十进制同步加法计数器，具有异步清零功能。

利用 74160 的异步清零功能构成八十二进制计数器的方法与例 4 中用 74290 的方法相似。不同的是，级联采用同步方式。即将计数脉冲同时引至两片 74160，而用低位芯片的进位输出端 RCO 去控制高位芯片的 EP、ET。当低位芯片输出状态出现 1001 时，RCO 输出高电平，送至高位片的 EP、ET，在下一个计数脉冲的作用下，低位芯片输出状态由 1001 变为 0000，同时高位芯片计一个数，实现逢十进一。另外要注意，74290 的清零端高电平有效，所以反馈清零回路用与门，以便在清零时提供高电平。74160 的清零端低电平有效，所以反馈清零回路用与非门，以便在清零时提供低电平。利用 74160 的异步清零功能构成的八十二进制计数器如图 6-18 所示。

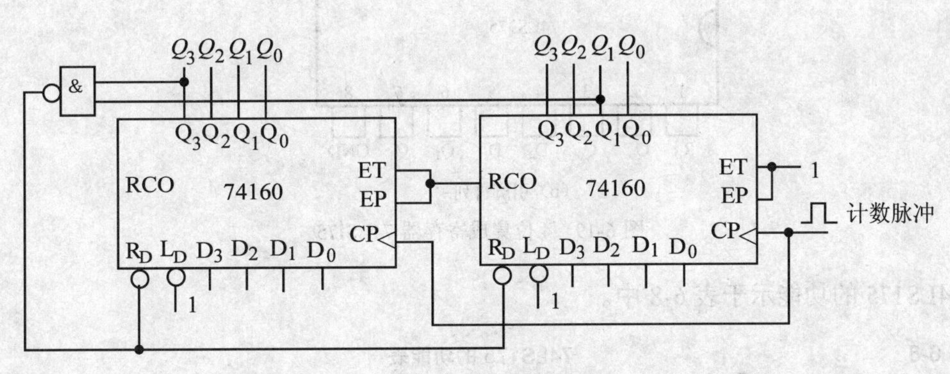

图 6-18　例 5 接线图

6.4 知识拓展

6.4.1 数码寄存器

数码寄存器是存储二进制数码的时序电路组件，它具有接收和寄存二进制数码的逻辑功能。前面介绍的各种集成触发器，就是一种可以存储一位二进制数的寄存器，用 *n* 个触发器就可以存储 *n* 位二进制数。

图 6-19（a）所示是由 D 触发器组成的 4 位集成寄存器 74LS175 的逻辑电路图，其引脚图如图 6-19（b）所示。其中，R_D 是异步清零控制端，D_0～D_3 是并行数据输入端，CP 为时钟脉冲端，Q_0～Q_3 是并行数据输出端，$\overline{Q_0}$～$\overline{Q_3}$ 是反码数据输出端。

该电路的数码接收过程为：将需要存储的四位二进制数码送到数据输入端 D_0～D_3，在 CP 端送一个时钟脉冲，脉冲上升沿作用后，四位数码并行地出现在四个触发器 Q 端。

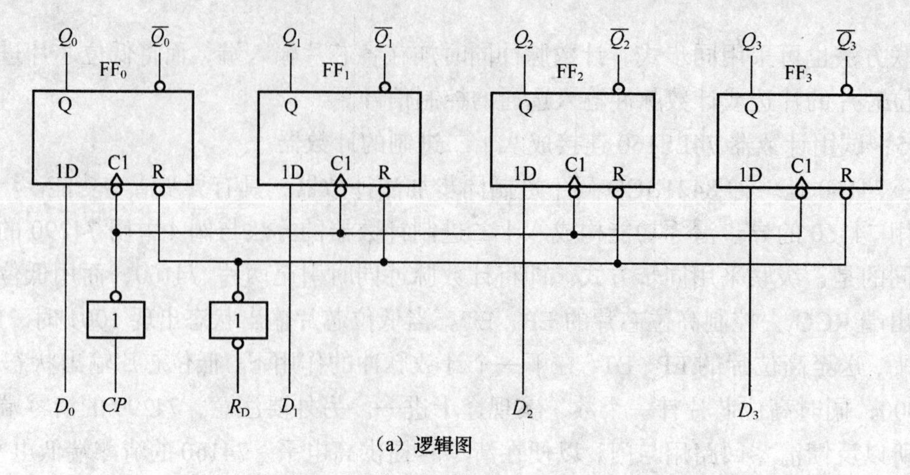

（a）逻辑图

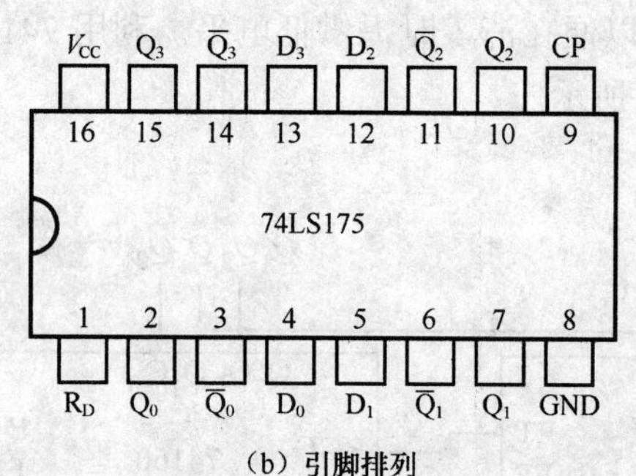

（b）引脚排列

图 6-19　4 位集成寄存器 74LSl75

74LS175 的功能示于表 6-8 中。

表 6-8　74LS175 的功能表

清零	时钟	输入	输出	工作模式
R_D	CP	D_0 D_1 D_2 D_3	Q_0 Q_1 Q_2 Q_3	
0	×	× × × ×	0 0 0 0	异步清零
1	↑	D_0 D_1 D_2 D_3	D_0 D_1 D_2 D_3	数码寄存
1	1	× × × ×	保　持	数据保持
1	0	× × × ×	保　持	数据保持

6.4.2　移位寄存器

移位寄存器和数码寄存器不同，移位寄存器不仅能存储数据，而且具有移位的功能。按照数据移动的方向，可分为单向移位和双向移位。而单向移位又有左移和右移之分。

1. 单向移位寄存器

（1）右移寄存器

图 6-20 所示为 4 位单向右移移位寄存器，由 4 个 D 触发器构成。将前一位触发器的输出与后一位触发器的输入相连。即 $Q_i^n = Di+1$，所以可得 $Q_{i+1}^{n+1} = Q_i^n$，将前一位数据移至后一位。在 CP 移位指令控制下，数据依次由 D_0 输入，经 4 个 CP 脉冲，可并行输出，右移寄存器的状态表如表 6-9 所示。

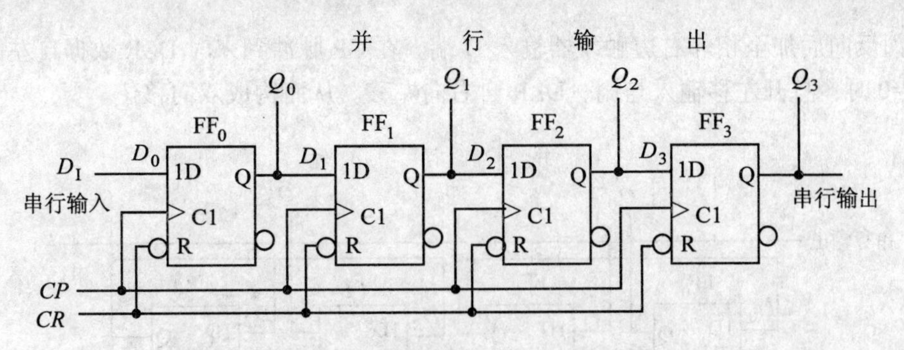

图 6-20　D 触发器组成的 4 位右移寄存器

表 6-9　右移寄存器的状态表

移位脉冲	输入数码	输出			
CP	D_I	Q_0	Q_1	Q_2	Q_3
0		0	0	0	0
1	1	1	0	0	0
2	1	1	1	0	0
3	0	0	1	1	0
4	1	1	0	1	1

移位寄存器中的数码可由 Q_3、Q_2、Q_1 和 Q_0 并行输出，也可从 Q_3 串行输出。串行输出时，要继续输入 4 个移位脉冲，才能将寄存器中存放的 4 位数码 1101 依次输出。图 6-21 中第 5 到第 8 个 CP 脉冲及所对应的 Q_3、Q_2、Q_1、Q_0 波形，就是将 4 位数码 1101 串行输出的过程。所以，移位寄存器具有串行输入—并行输出和串行输入—串行输出两种工作方式。

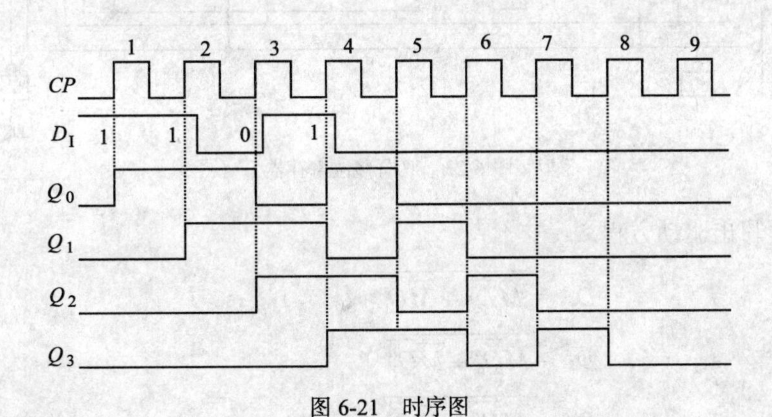

图 6-21　时序图

（2）左移寄存器

左移寄存器如图 6-22 所示。

2. 双向移位寄存器

将左移和右移移位寄存器结合起来，加上移位控制端，在方向控制信号作用下可构成双向移位寄存器。图 6-23 所示是 4 位双向移位寄存器。由 4 个与或非门构成 4 个 2 选 1 数据选择器。M 为移位方向控制信号。当 M=1 时，打开右移输入与门，左边触发器的 $\overline{Q}$ 经与或非门反向后加至相邻右边触发器输入 D 端。在 CP 脉冲到来时 DSR 数据自左向右移。反之 M=0 时，打开左移输入与门，DLR 自右向左移。从而构成双向移位。

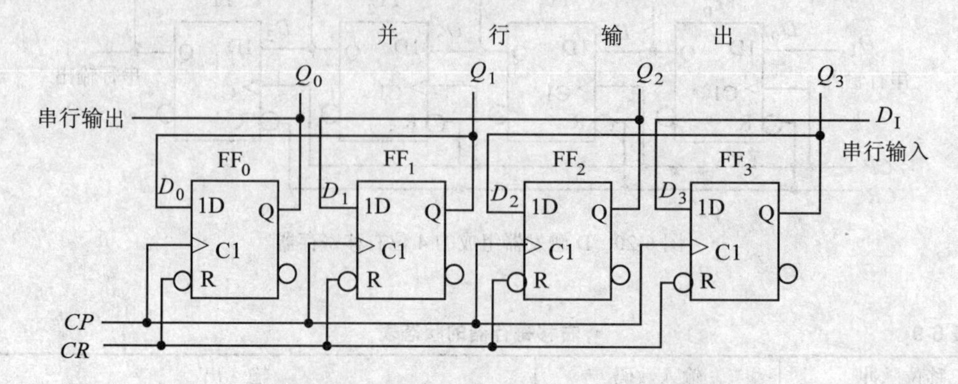

图 6-22 D 触发器组成的 4 位左移寄存器

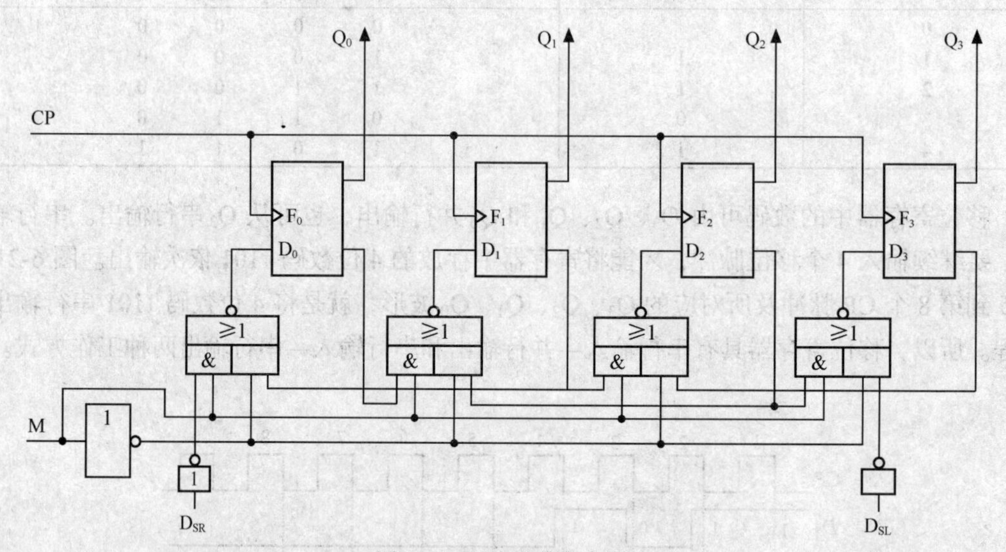

图 6-23 双向移位寄存器

由电路可写出驱动方程

$$D_0 = \overline{M\overline{D_{SR}} + \overline{M}\overline{Q_1^n}}$$

$$D_1 = \overline{M\overline{Q_0^n} + \overline{M}\overline{Q_2^n}}$$

$$D_2 = \overline{M\overline{Q_1^n} + \overline{M}\overline{Q_3^n}}$$

$$D_3 = \overline{M\overline{Q_2^n} + \overline{M}\overline{D_{SL}}}$$

代入 D 触发器的特性方程，求出状态方程

$$Q_0^{n+1} = \overline{M\overline{D_{SR}} + \overline{M}\overline{Q_1^n}}$$

$$Q_1^{n+1} = \overline{M\overline{Q_0^n} + \overline{M}\overline{Q_2^n}} \qquad \text{CP 上升沿有效}$$

$$Q_2^{n+1} = \overline{M\overline{Q_1^n} + \overline{M}\overline{Q_3^n}}$$

$$Q_3^{n+1} = \overline{M\overline{Q_2^n} + \overline{M}\square\overline{D_{SL}}}$$

当 M=1 时，电路为右移移位寄存器。

$$Q_0^{n+1} = D_{SR}$$
$$Q_1^{n+1} = Q_0^n$$
$$Q_2^{n+1} = Q_1^n \qquad \text{CP 上升沿有效}$$
$$Q_3^{n+1} = Q_2^n$$

当 M=0 时，电路为左移移位寄存器。

$$Q_0^{n+1} = Q_1^n$$
$$Q_1^{n+1} = Q_2^n$$
$$Q_2^{n+1} = Q_3^n$$
$$Q_3^{n+1} = D_{SL}$$

3．中规模集成移位寄存器

集成移位寄存器种类很多，功能与前所述相同。它有双向、单向；也有并入/并出、并入/串出、串入/并出、串入/串出；还有四位、八位等类型。图 6-24 所示是一种功能较强的集成四位双向移位寄存器 74LS194，状态表如表 6-10 所示。

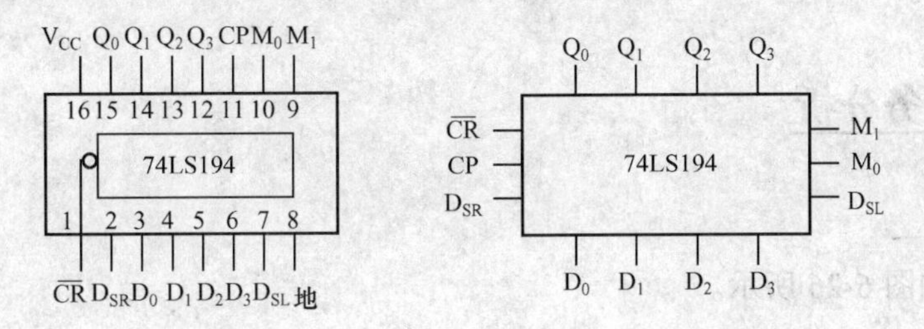

（a）引脚排列图　　　　（b）逻辑功能示意图

图 6-24　四位双向移位寄存器 74LS194 示意图

表 6-10　　　　74LS194 状态表

输入										输出				说明
$\overline{CR}$	M_1	M_0	D_{SR}	D_{SL}	CP	D_0	D_1	D_2	D_3	Q_0^{n+1}	Q_1^{n+1}	Q_2^{n+1}	Q_3^{n+1}	
0	×	×	×	×	×	×	×	×	×	0	0	0	0	清零
1	×	×	×	×	0	×	×	×	×	Q_0^n	Q_1^n	Q_2^n	Q_3^n	保持
1	1	1	×	×	↑	d_0	d_1	d_2	d_3	d_0	d_1	d_2	d_3	并行输入
1	0	1	1	×	↑	×	×	×	×	1	Q_0^n	Q_1^n	Q_2^n	右移输入 1
1	0	1	0	×	↑	×	×	×	×	0	Q_0^n	Q_1^n	Q_2^n	右移输入 0
1	1	0	×	1	↑	×	×	×	×	Q_1^n	Q_2^n	Q_3^n	1	左移输入 1
1	1	0	×	0	↑	×	×	×	×	Q_1^n	Q_2^n	Q_3^n	0	左移输入 0
1	0	0	×	×	↑	×	×	×	×	Q_0^n	Q_1^n	Q_2^n	Q_3^n	保持

将 74LS194 各功能端、控制端适当级联，可实现容量的扩展。

图 6-25 所示是由 74LS194 构成的 8 位双向移位寄存器。

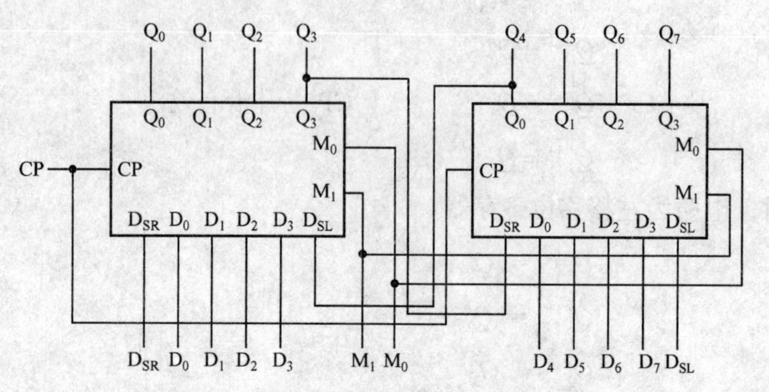

图 6-25　74LS194 构成八位双向移位寄存器

6.5 任务分析与实现

6.5.1 任务分析

1. 电路图

原理框图如图 6-26 所示。

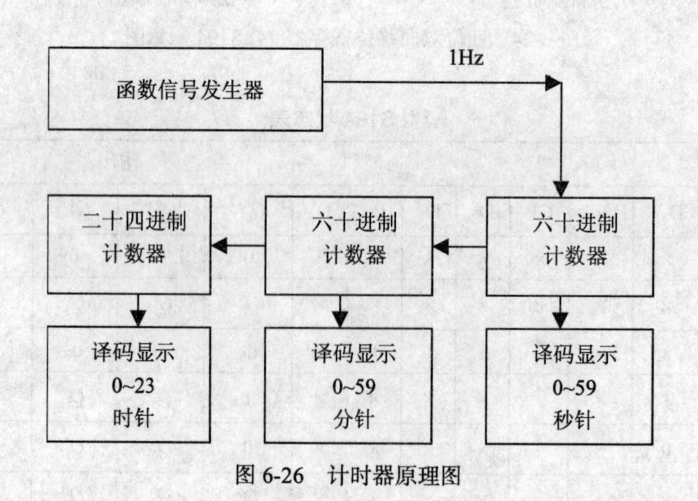

图 6-26　计时器原理图

2. 整体电路图

整体电路图如图 6-27 所示。

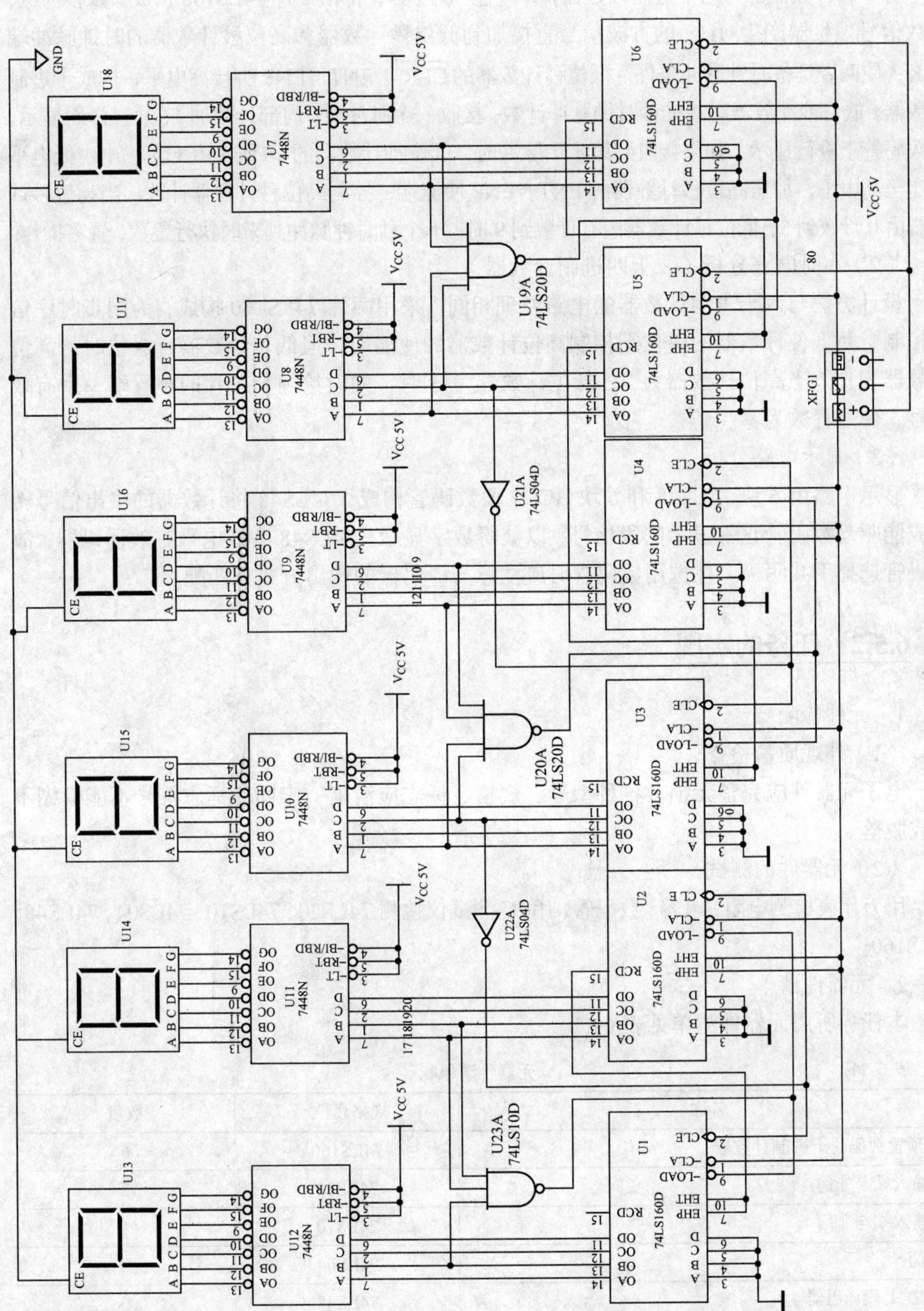

图 6-27 计时器电路图

3. 电路分析

（1）分、秒电路分析（六十进制计数器）

分、秒计数器都为六十进制计数器，即“逢 60 进 1”，都由 2 片 74LS160 构成。以秒为例，函数信号发生器产生 1Hz 的方波信号直接加到低位秒计数器和高位秒计数器的时钟脉冲端 CLK，使两者具备时钟脉冲条件。低位秒计数器的 $\overline{\text{CLR}}$ 、ENT、ENP 脚接高电平，构成十进制计数器。低位秒计数器对基准秒时钟脉冲计数，接收一个脉冲时，内部计数加 1，通过译码显示，在数码管上进行显示，如果接收到第十个脉冲时，低位秒计数器的 15 脚（RCO）输出由低电平跳变至高电平，加至高位秒计数器的 ENT、ENP 使能端，控制高位秒计数器计数。当高位秒计数器由 0 计数到 5，低位秒计数器由 0 计数到 9 时，下个秒时钟脉冲到来时执行置数、置零操作。

（2）小时电路分析（二十四进制计数器）

设计方法与六十进制计数器的电路原理相同。采用两片 74LS160 构成，为同步时序信号控制，用低位计数器的进位端控制高位计数器的使能端，但低位计数器有进位时，高位计数器工作。当高位计数器为 2，低位计数器为 3 时，同时给两个芯片的预置端一个有效信号，使之置数为零。

（3）显示电路分析

显示电路由 6 块 74LS48 和 6 块 BCD7 段数码管构成，74LS48 将计数器的输出信号转换成能驱动数码管正常显示的段信号，以获得数字显示。74LS48 为低电平有效译码器，故数码管选择用共阴极。在选用数码管时应注意与译码器的输出方式相匹配。

6.5.2 任务的实现

1. 元件检测

（1）外观质量检查

电子元器件应完整无损，各种型号、规格、标志应清晰、牢固，标志符号不能模糊不清或脱落。

（2）元器件的测试

用万用表检测电阻、电容、数码管，用 IC 测试仪检测 74LS20、74LS10、74LS04、74LS48、74LS160。

2. 元器件清单

本任务所用元器件清单见表 6-11。

表 6-11　　元器件清单

名称	规格/型号	数量
可预置数码的十进制计数器	74LS160	6
4 输入端与非门	74LS20	2
3 输入端与非门	74LS10	1
非门	74LS04	2
BCD 七段译码器	74LS48	6
共阴极数码管		6

3. 电路的连接

利用单股绝缘导线在面包板或万用板上完成电路的连接。装配时，先焊接 IC 等小器件，连线时一定要注意集成电路的引脚排列；在布线时，注意电源、地线的处理，整体布局符合布线规则。

4. 电路的检测与调试

电路连接完成后，首先不要通电，对照原理图检查电路的连线是否正确，元件的引脚及导线的端头是否连接良好。

一切检查完后，将电路接通 5V 电源，接入函数信号发生器提供的 1Hz 的标准秒脉冲，依次检测 6 个计数器 74LS160 时钟端的输入波形，正常时，相邻计数器时钟端的波形频率依次相差 60 倍。如频率关系不一致或波形不正常，则应对计数器和反馈门的各引脚电平与波形进行检测。

检测显示译码器 74LS48 各控制端与电源端引脚的电平，同时检测数码管各段对应引脚的电平及公共端的电平。

6.6 评分标准

本项任务的评分标准见表 6-12。

表 6-12　评分标准

任务：计时器的分析与制作			组员：			
项目	分值	考核标准	扣分标准	扣分	得分	备注
电路分析	30 分	能正确分析电路的工作原理	每处错误扣 5 分			
电路连接	30 分	1. 正确测量元器件； 2. 工具使用正确； 3. 元件位置，连线正确	1. 不能正确测量元器件，不能正确使用工具，每处扣 2 分； 2. 错装、漏装，每处扣 5 分			
电路调试	10 分	1. 能正确实现计数器的进位和清零； 2. 能实现自动校正功能	1. 不能实现进位和清零，每处扣 2 分； 2. 不能实现自动校正功能，扣 2 分			
故障检修	20 分	1. 检修思路清晰，正确判断故障原因，方法运用得当； 2. 检修结果正确； 3. 正确使用仪表	1. 检修思路不清晰，故障原因分析错误，每次扣 2 分； 2. 检修结果错误，每次扣 2 分； 3. 仪表使用错误，每次扣 2 分			
安全文明工作	10 分	1. 安全用电，无人为损坏仪器、元件和设备； 2. 保持环境整洁，秩序井然，操作习惯良好； 3. 小组成员协作和谐，态度正确； 4. 不迟到、早退、旷课	1. 发生安全事故，扣 10 分； 2. 人为损坏设备、元器件，扣 10 分； 3. 现场不整洁、工作不文明，团队不协作，扣 5 分； 4. 不遵守考勤制度，每次扣 5 分。			
总分						

本章小结

时序逻辑电路的特点是任意时刻的输出状态不仅和当时的输入信号有关，而且还和电路原来的状态有关。时序电路中都含有存储电路。存储电路的输入和输出变量一起，共同决定时序电路的输出状态。存储电路通常由若干个触发器组成。

时序逻辑电路的分析是对给定的时序电路列时钟方程、驱动方程、输出方程以及状态方程，再计算并列出状态转换表，或画出状态转换图，从而判断电路的逻辑功能。

计数器是常用的时序逻辑器件，它在计算机和其他数字系统中起着非常重要的作用。计数器不仅能用于统计输入时钟脉冲的个数，还能用于分频、定时、产生节拍脉冲等，所以作为重点，从综合角度介绍了计数器，并讲解了集成计数器构成 N 进制计数器的方法。寄存器也是一种常用的逻辑器件。寄存器分为数据寄存器和移位寄存器两种，移位寄存器又分为单向移位寄存器和双向移位寄存器。

本章推荐实验：74LS160、74LS290、74LS194 芯片功能的测试。

思考练习题

1. 时序逻辑电路有什么特点？它和组合逻辑电路的主要区别在什么地方？

2. 计数器按计数增减趋势分有哪几种？按触发器的翻转顺序分有哪几种？

3. 一个异步二进制计数器的最高工作频率为 10MHz，如果每个触发器的平均传输延迟时间为 10ns，计数过程中每读取一次计数值所需时间为 50ns，这个计数器最多只能有几位？

4. 用 JK 触发器组成 4 位异步二进制递减计数器，画出逻辑图。

5. 试用与或非门将四个边沿 D 触发器连接成双向串行输入的移位寄存器，画出其逻辑图。

6. 试用主从 JK 触发器组成一个双向串行输入的移位寄存器，画出其逻辑图。

7. 分析题图 6-1 所示时序逻辑电路的功能。

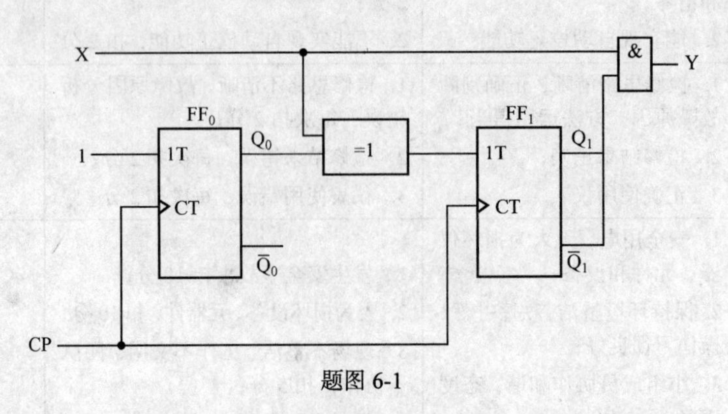

题图 6-1

8. 由 JK 触发器构成的计数器电路如题图 6-2 所示。分析电路功能，说明电路是几进制计数器，能否自启动，画出电路的状态转换图和时序图。

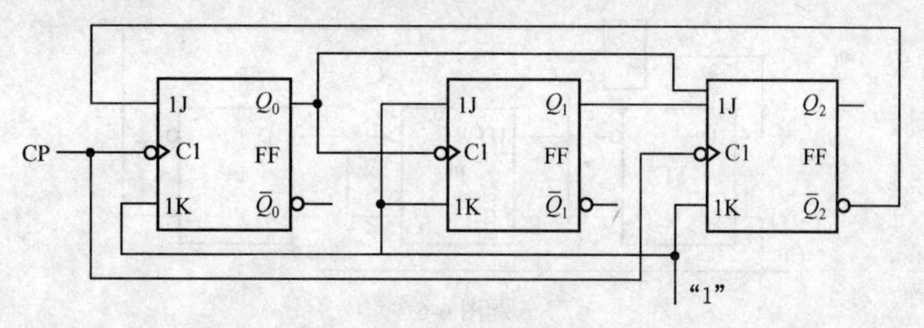

题图 6-2

9. 分析题图 6-3 所示电路，画出电路的状态转换图和时序图，说明电路是否能自启动。

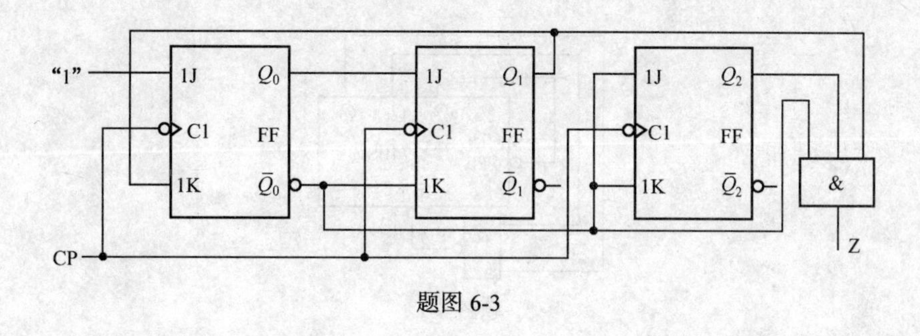

题图 6-3

10. D 触发器组成的同步计数电路如题图 6-4 所示。分析电路功能，画出电路的状态转换图，说明电路的特点。

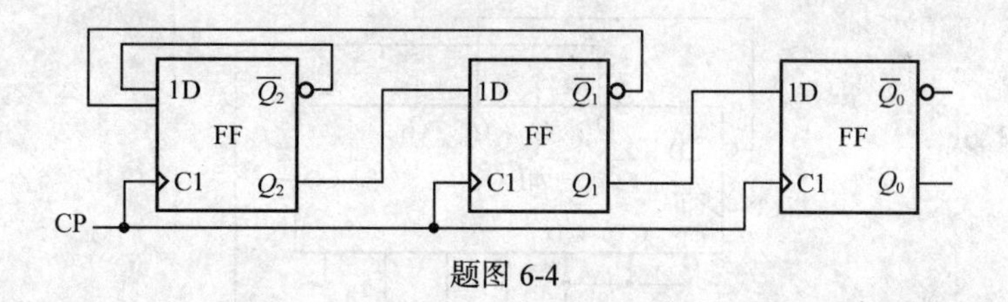

题图 6-4

11. 分析题图 6-5 所示同步计数电路，画出电路的状态转换图，并检查电路能否自启动。

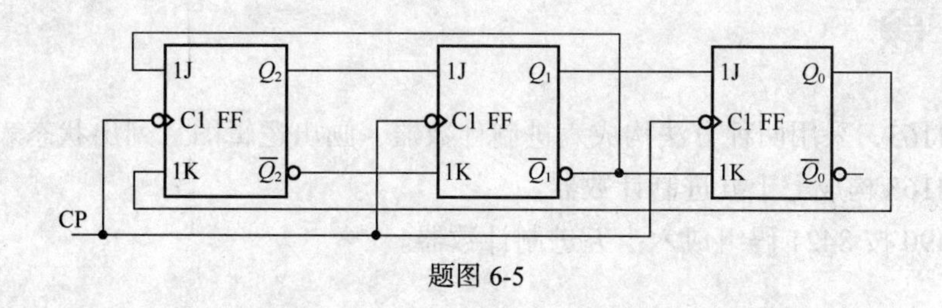

题图 6-5

12. 移位寄存器型计数电路题如图 6-6 所示。分析电路循环长度，画出电路的状态转换图，说明电路能否自启动。

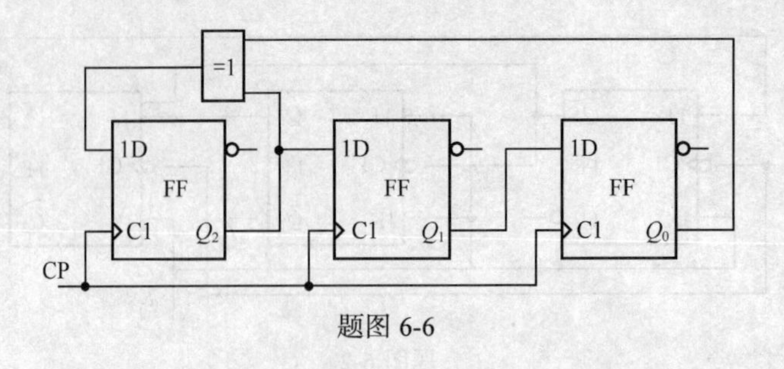

题图 6-6

13. 74LS93 芯片接成题图 6-7 所示的电路。CPa 端输入脉冲，CPb 接至端 Q_0。分析电路功能，说明电路的计数长度 M 为多少。

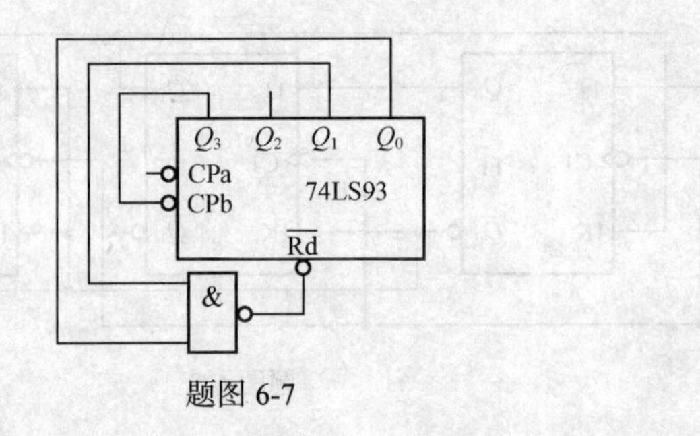

题图 6-7

14. 74LS161 芯片接成题图 6-8 所示电路。试分析电路的计数长度为多少，画出相应的状态转换图，说明电路能否自启动。

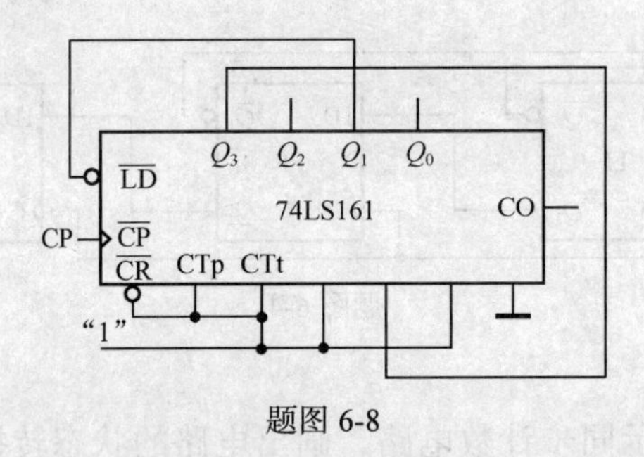

题图 6-8

实训操作题

1. 用 74163，采用两种方法构成六进制计数器，画出逻辑图，列出状态表。
2. 用 74163 构成七十五进制计数器。
3. 用 7490 按 8421 码组成六十五进制计数器。

第7章 数字电子钟的分析与制作

数字电子钟是一种用数字显示秒、分、时的计时装置，与传统的机械钟相比，具有走时准确、显示直观、无机械传动装置等优点，因而得到广泛的应用。如，日常生活中的电子手表，车站、码头、机场等公共场所的大型数显电子钟。本任务是用中小规模集成电路将计时器改进为一台能显示时、分、秒的数字电子钟。

7.1 项目描述

本项目是将计时器进行改进，要求如下。

① 自动产生秒信号，即1Hz的信号。

② 具有校时功能。

7.2 教学目标

通过对计数器电路进行改进，使学生掌握555时基电路的基本工作原理，能按要求进行电路的装配、测试与调试，并能排除调试过程中出现的简单故障。

7.3 定时器

7.3.1 555时基电路

555 时基电路是一种数字、模拟混合型的中规模集成电路。由于内部电压标准使用了三个 5kΩ电阻，故取名 555 电路。开始出现时，通常作为定时器应用，所以也称为 555 定时器。555 集成定时器是一种功能灵活多样。使用方便的集成器件。可以用作脉冲波的产生和整形，也可用于定时或延时控制，广泛地用于调光、调温、调压、调速等多种自动控制电路中。还可以通过不同连线接法及外部使用少量的阻容元件构成各种应用电路，如多谐振荡器、单稳态触发器和施密特触发器等。其优点是工作可靠、使用方便、价格低廉。

555 时基电路有双极型和 CMOS 型两大类。两者的结构和工作原理类似，逻辑功能和引脚排列完全相同；易于互换。

1. 电路组成

（1）电路结构

电路结构如图 7-1 所示。

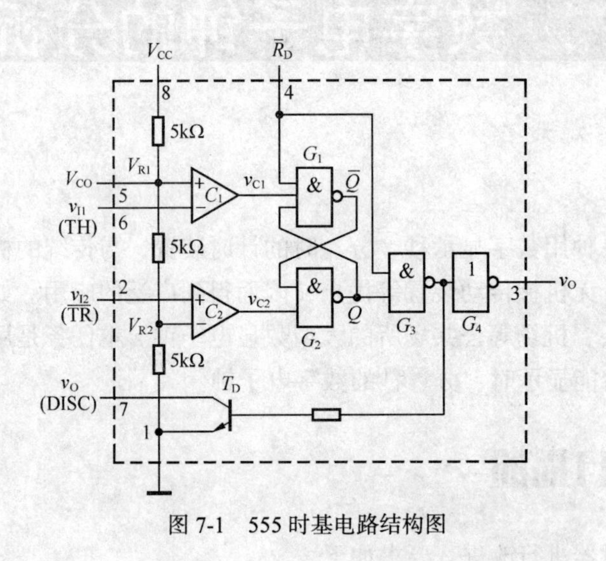

图 7-1　555 时基电路结构图

电路可分为电阻分压器、电压比较器、基本 RS 触发器和输出缓冲级等部分。

（2）外引线排列图

外引线排列图如图 7-2 所示。

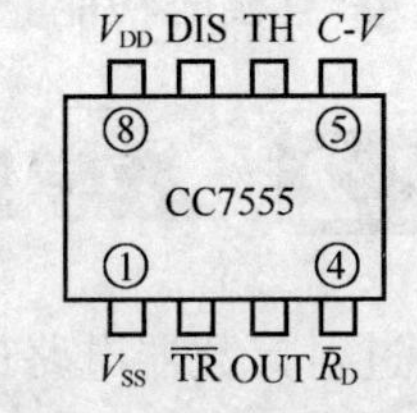

图 7-2　555 时基电路外引线排列图

2. 工作原理

（1）电阻分压器和电压比较器

电阻分压器由三个等值电阻 R 组成，对电源电压 V_{DD} 分压。

比较器 C_1 的“+”端：$\frac{2}{3}V_{DD}$，比较器 C_2 的“−”端：$\frac{1}{3}V_{DD}$。当进入 TH 的电压大于 $\frac{2}{3}V_{DD}$ 时，比较器 C_1 输出高电平 1，若加在 $\overline{TR}$ 的电压小于 $\frac{1}{3}V_{DD}$，比较器 C_2 也输出高电平 1。

（2）基本 RS 触发器

① 当 $C_1=1$，$C_2=0$，即 $R=1$，$S=0$ 时，$Q=0$，$\overline{Q}=1$；

② 当 $C_1=0$，$C_2=1$，即 $R=0$，$S=1$ 时，$Q=1$，$\overline{Q}=0$；

③ 当 $C_1=0$，$C_2=0$，即 $R=0$，$S=0$ 时，RS 触发器保持原态不变；

如果 $\overline{R}_D$，则 $Q=0$。$\overline{R}_D$ 为直接置 0 端，$\overline{R}_D$ 平时应接高电平 1。定时器的输出 OUT = Q。

（3）放电管 V 和输出缓冲器

① 若 $Q=0$，$\overline{Q}=1$，放电管的栅极为高电平，V 导通。

② 若 $Q=1$，$\overline{Q}=0$，放电管的栅极为低电平，V 截止。

输出端的反相器构成输出缓冲器。主要作用是提高电流驱动能力，同时还可隔离负载对定时器的影响。

（4）功能表

功能表如表 7-1 所示。

表 7-1　555 时基电路功能表

复位 $\overline{R}_D$	高触发端 TH	低触发端 $\overline{\text{TR}}$	输出 OUT	放电管 V
0	×	×	0	导通
1	$>2/3V_{DD}$	$>1/3V_{DD}$	0	导通
1	$<2/3V_{DD}$	$>1/3V_{DD}$	不变	不变
1	$<2/3V_{DD}$	$<1/3V_{DD}$	1	截止

7.3.2　集成定时器的应用

1. 用 555 定时器构成单稳态电路

单稳态触发器是只有一个稳定状态的触发器，而另一个是暂稳态。如果没有外来触发信号，电路将保持这一稳定状态不变。在外加触发脉冲的作用下，能从稳态翻转到暂态，经过一段时间的延迟后，触发器自动地从暂稳态翻转回稳态，从而输出一个具有一定脉冲宽度的矩形波。单稳态触发器主要应用于脉冲信号的整形、延时、定时等。

（1）电路组成

电路组成如图 7-3 所示。

R、C：定时元件。高触发端 TH 与放电端 DIS 相连；输入触发电平 v_I 加于低触发端 $\overline{\text{TR}}$ 处，低电平有效；OUT 为信号的输出端。

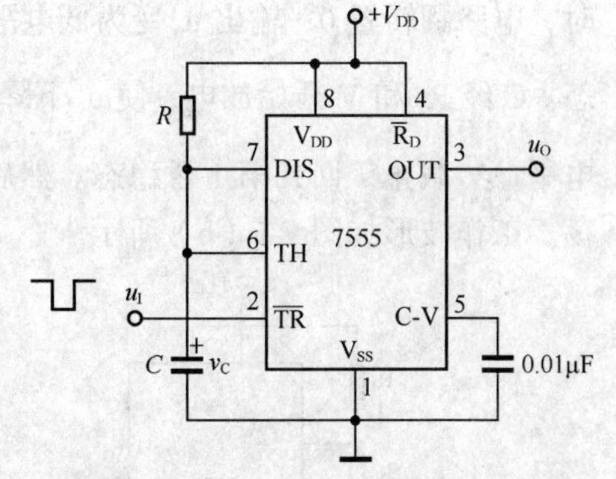

图 7-3　用 555 电路构成的单稳态触发器

（2）工作原理

① 电路的稳态

接通电源后，电源电压 V_{DD} 对电容 C 充电，电压 v_C 上升。当 v_C 高达 $\frac{2}{3}V_{DD}$ 时，输出电压 v_O 为低电平 0。同时，放电管 V 导通，电容对过放电端 DIS 放电。电路进入稳态，输出低电平 0。

② 低电平触发，电路翻转，进入稳态

当低电平到来时，$\overline{\text{TR}}$ 端的电平小于 $\frac{1}{3}V_{DD}$。电路的输出将发生翻转，由低电平 0 变为高电平 1。同时，放电管截止，电源 V_{DD} 对电容 C 充电。定时开始，直到电容上的电压升

高到$\frac{2}{3}V_{DD}$，这时暂态结束。

③ 自动返回稳态的过程

电容上的电压上升到$\frac{2}{3}V_{DD}$后，定时器自动复位，输出电平由 1 翻转为 0。电路重返稳定状态。

（3）工作波形

工作波形如图 7-4 所示。

输出脉冲宽度 t_W：$t_W \approx 1.1\ RC$

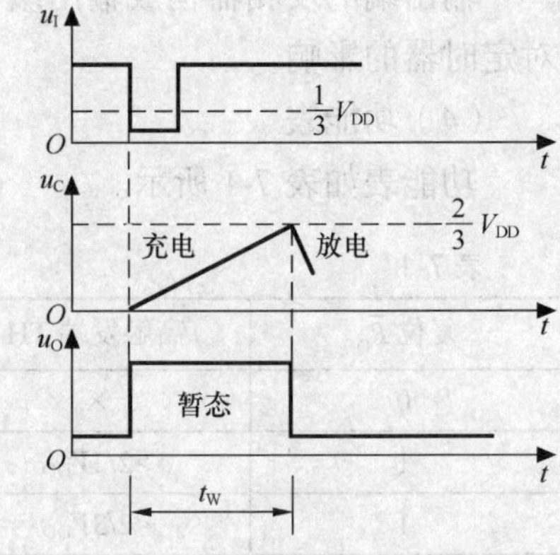

图 7-4　单稳态触发器波形图

2. 用 555 定时器构成多谐振荡器

自激多谐振荡器是在接通电源以后，不需外加输入信号，就能自动地产生矩形脉冲波。由于矩形波中除基波外，还含有丰富的高次谐波，所以习惯上又把矩形波振荡器叫做多谐振荡器。多谐振荡器通常由门电路和基本的 RC 电路组成。多谐振荡器一旦振荡起来后，电路没有稳态，只有两个暂稳态，它们在作交替变化，输出特定频率和脉宽的矩形波脉冲信号，因此又称无稳态电路。

（1）电路组成

用 CC7555 定时器构成的多谐振荡器如图 7-5（a）所示。其中电容 C 经 R_2、定时器的场效应 V 构成放电回路，而电容 C 的充电回路却由 R_1 和 R_2 串联组成。为了提高定时器的比较电路参考电压的稳定性，通常在 5 脚与地之间接有 0.01μF 的滤波电容，以消除干扰。

（2）工作原理

电源 V_{DD} 刚接通时，电容 C 上的电压 u_c 为零，电路输出 u_o 为高电平，放电管 V 截止，处于第 1 暂稳态。之后 V_{DD} 经 R_1 和 R_2 对 C 充电，使 u_c 不断上升，当 u_c 上升到 $u_c \geqslant \frac{2}{3}V_{DD}$ 时，电路翻转置 0，输出 u_o 变为低电平，此时，放电管 V 由截止变为导通，进入第 2 暂稳态。C 经 R_2 和 V 开始放电，使 u_c 下降，当 $u_c \leqslant \frac{1}{3}V_{DD}$ 时，电路又翻转置 1，输出 u_0 回到高电平，V 截止，回到第 1 暂稳态。然后，上述充、放电过程被再次重复，从而形成连续振荡。工作波形如图 7-5（b）所示。

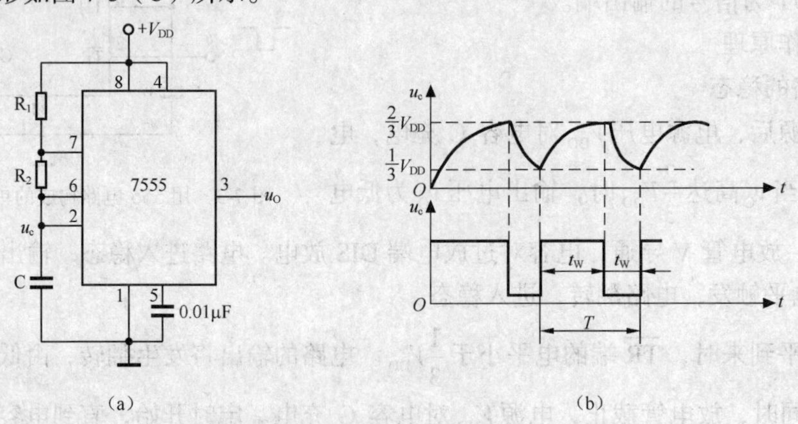

图 7-5　用 CC7555 构成的多谐振荡器及工作波形

（3）主要参数的计算

① 输出高电平的脉宽 t_{W1} 为 C 充电所需的时间

$$t_{W1}=(R_1+R_2)\ln\frac{V_{DD}-\frac{1}{3}V_{DD}}{V_{DD}-\frac{2}{3}V_{DD}}=0.7(R_1+R_2)C$$

② 输出低电平的脉宽 t_{W2} 为 C 放电所需的时间

$$t_{W2}=R_2C\ln\frac{0-\frac{2}{3}V_{DD}}{0-\frac{1}{3}V_{DD}}=0.7R_2C$$

③ 振荡周期

$$T=t_{W1}+t_{W2}=0.7(R_1+2R_2)C$$

④ 振荡频率

$$f=\frac{1}{T}=\frac{1}{0.7(R_1+2R_2)C}$$

⑤ 占空比

$$q=\frac{t_{W1}}{t_{W1}+t_{W2}}=\frac{R_1+R_2}{R_1+2R_2}>50\%$$

3. 用 555 定时器构成施密特触发器

施密特触发器是一种双稳态触发电路，输出有两个稳定的状态，但与一般触发器不同的是:施密特触发器属于电平触发；对于正向增加和减小的输入信号，电路有不同的阈值电压 U_T+和 U_T−，也就是引起输出电平两次翻转（1→0 和 0→1）的输入电压不同，具有如图 7-6（a）、（c）所示的滞后电压传输特性，此特性又称回差特性。所以，凡输出和输入信号电压具有滞后电压传输特性的电路均称为施密特触发器。施密特触发器有同相输出和反相输出两种类型。同相输出的施密特触发器是当输入信号正向增加到 U_T+时，输出由 0 态翻转到 1 态，而当输入信号正向减小到 U_T−时，输出由 1 态翻转到 0 态；反相输出只是输出状态转换时与上述相反。它们的回差特性和逻辑符号如图 7-6 所示。

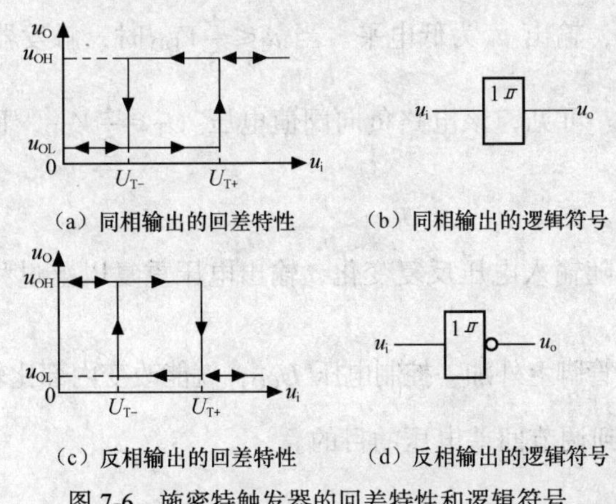

图 7-6　施密特触发器的回差特性和逻辑符号

施密特触发器具有很强的抗干扰性，广泛用于波形的变换与整形。门电路、555 定时器、运算放大器等均可构成施密特触发器，此外还有集成化的施密特触发器。

（1）电路组成

将 7555 定时器的第 2 脚和第 6 脚短接并作为信号输入端，则定时器就具有施密特触发器的功能，电路如图 7-7（a）所示。

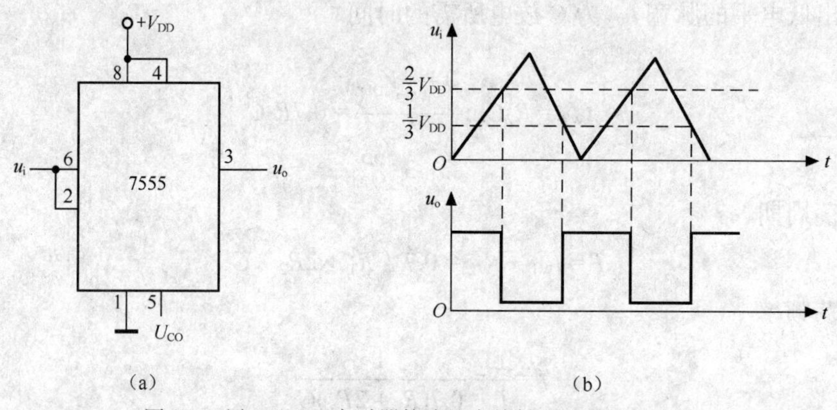

图 7-7　用 CC7555 定时器构成施密特触发器及工作波形

（2）工作原理

设在电路的输入端输入三角波。接通电源后，输入电压 u_i 较低，使 6 管脚电压 $<\frac{2}{3}V_{DD}$，2 管脚电压 $<\frac{1}{3}V_{DD}$，触发器置 1，输出 u_o 为高电平，放电管 V 截止。随输入电压 u_i 的上升，当满足 $\frac{1}{3}V_{DD}<u_i<\frac{2}{3}V_{DD}$ 时，电路维持原态。当 $u_i\geqslant\frac{2}{3}V_{DD}$ 时，触发器置 0，输出 u_o 为低电平，放电管 V 导通，电路状态翻转。可见，该施密特触发器的正向阈值电压 $U_{T+}=\frac{2}{3}V_{DD}$。

当输入电压 $u_i>\frac{2}{3}V_{DD}$，经过一段时间后，逐渐开始下降，当 $\frac{1}{3}V_{DD}<u_i<\frac{2}{3}V_{DD}$ 时，电路仍维持不变的状态，输出 u_o 为低电平。当 $u_i\leqslant\frac{1}{3}V_{DD}$ 时，触发器置 1，输出 u_0 变为高电平，放电管 V 截止。可见，该电路负向阈值电压 $U_{T-}=\frac{1}{3}V_{DD}$，回差电压 $\Delta U=\frac{2}{3}V_{DD}-\frac{1}{3}V_{DD}=\frac{1}{3}V_{DD}$。

在以后的时间里，随输入电压反复变化，输出电压重复以上过程。工作波形如图 7-7（b）所示。

另外，在控制端 5 管脚上外加一控制电压 U_{CO}，就能改变内部比较器的参考电压（$U_{T+}=U_{CO}$，$U_{T-}=\frac{1}{2}U_{CO}$），达到调节回差电压的目的。

7.4 拓展知识

7.4.1　石英晶体

前面介绍的由 555 定时器构成的多谐振荡器的振荡频率不稳定，容易受温度、电源电压波动和 RC 参数误差的影响。而在数字系统中，矩形脉冲信号常用作时钟信号来控制和协调整个系统的工作。因此，控制信号频率不稳定会直接影响到系统的工作。显然，如果要求产生高稳定度的秒信号，前面讨论的多谐振荡器是不能满足要求的，必须采用频率稳定度很高的石英晶体多谐振荡器。

石英晶体具有很好的选频特性。当振荡信号的频率和石英晶体的固有谐振频率 f_0 相同时，石英晶体呈现很低的阻抗，信号很容易通过，而其他频率的信号则被衰减掉。石英晶体的阻抗频率特性图如图 7-8 所示。

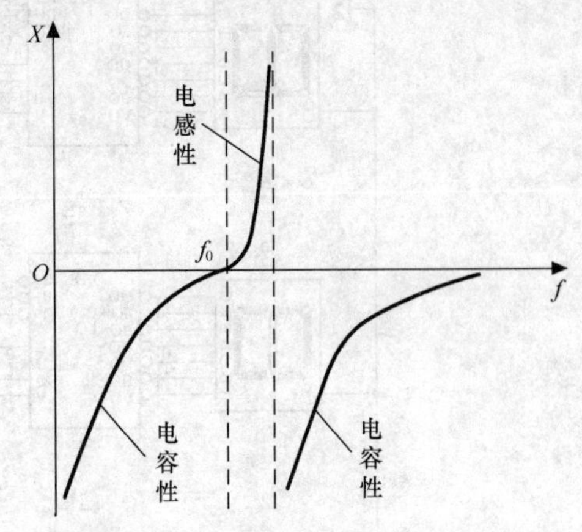

图 7-8　石英晶体的阻抗频率特性图

因此，将石英晶体串接在多谐振荡器的回路中就可组成石英晶体振荡器，这时，振荡频率只取决于石英晶体的固有谐振频率 f_0，而与 RC 无关。

7.4.2　石英晶体多谐振荡器

在对称式多谐振荡器的基础上，串接一块石英晶体，就可以构成一个石英晶体振荡器电路。该电路将产生稳定度极高的矩形脉冲，其振荡频率由石英晶体的串联谐振频率 f_0 决定。石英晶体振荡器电路如图 7-9 所示。

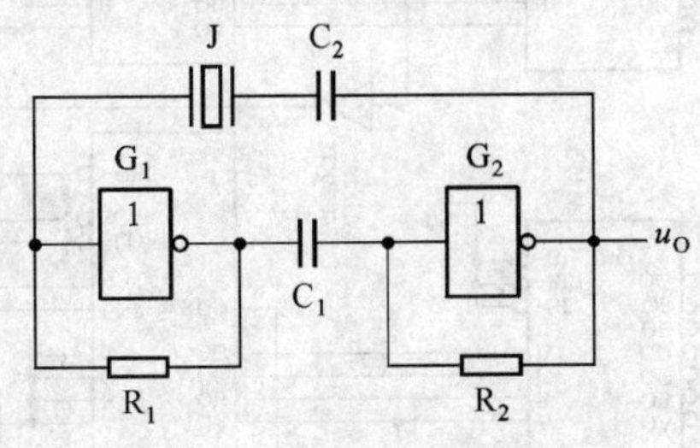

图 7-9　石英晶体振荡器电路

目前，家用电子钟几乎都采用具有石英晶体振荡器的矩形波发生器。由于它的频率稳定度很高，所以走时很准。

通常选用振荡频率为 32 768Hz 的石英晶体谐振器，因为 $32\ 768 = 2^{15}$，将 32 768Hz 经过 15 次二分频，即可得到 1Hz 的时钟脉冲作为计时标准。

7.5 任务分析与实现

7.5.1 任务分析

1. 电路图

电路图如图 7-10 所示。

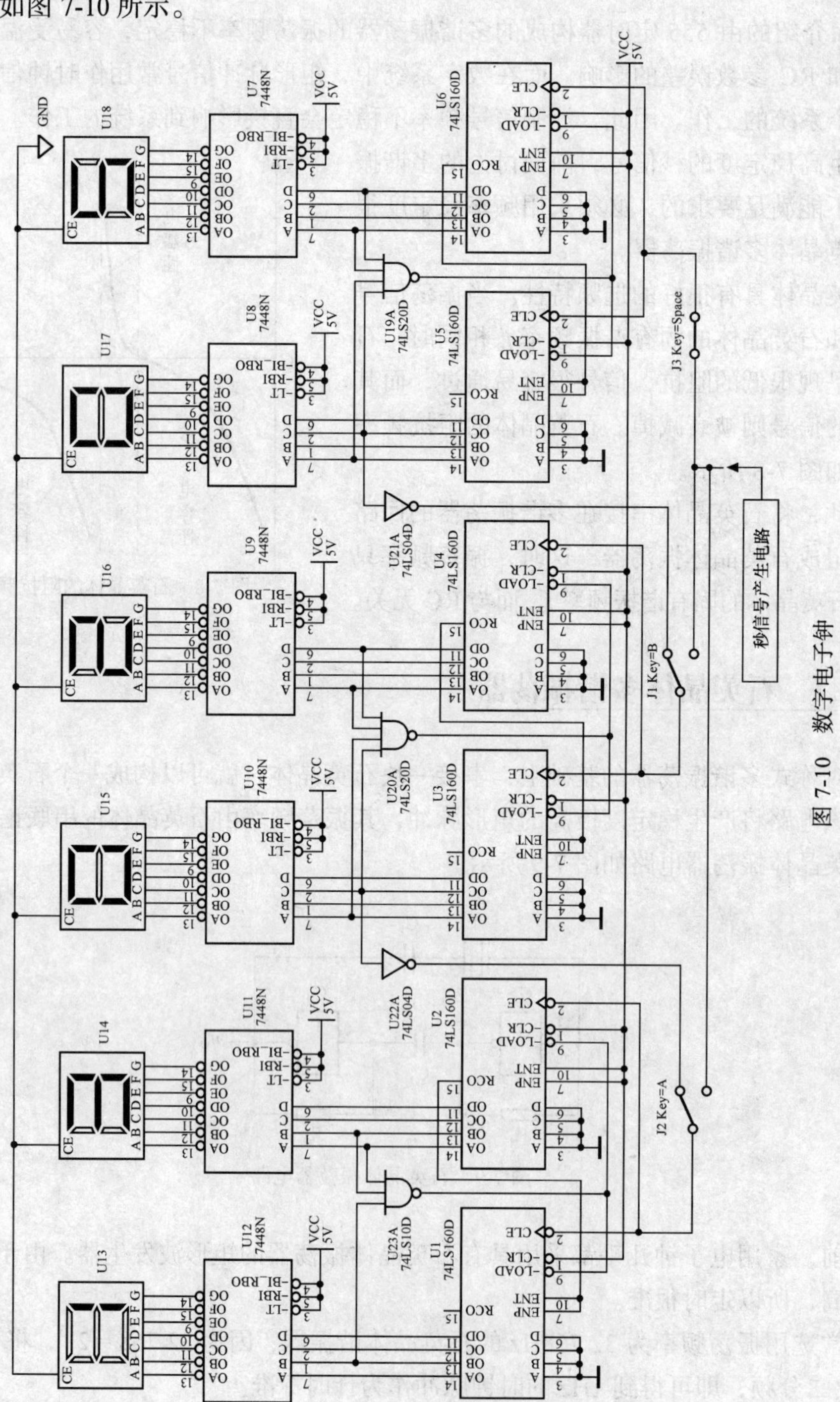

图 7-10 数字电子钟

2. 电路分析

（1）555 定时器产生秒信号

秒信号产生电路如图 7-11 所示，由 555 定时器和外接元件 R_1、R_2、C_1 和 C_2 构成多谐振荡器，脚 THR 和 TRI 直接相连。电路没有稳态，仅存在两个暂稳态，电路不需要外加触发信号。利用电源通过 R_1、R_2 和 C_1 充电，以及 C_1 通过 R_2 向放电端 DIS 放电，使电路产生振动。

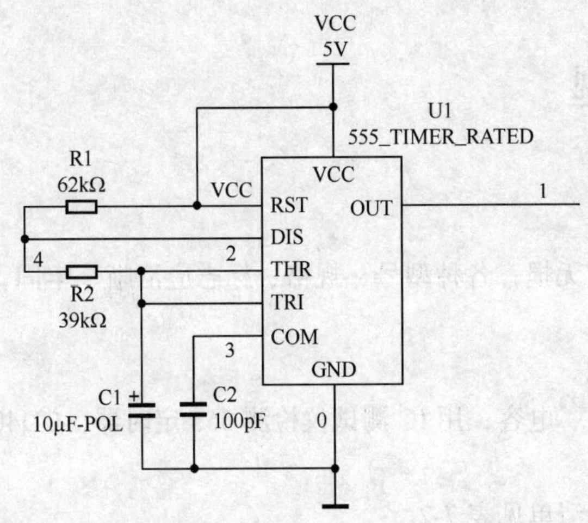

图 7-11 晶体振荡电路（在 out 端产生 1Hz 的信号脉冲）

输出脉冲的频率为

$$f=\frac{1}{t_1+t_2}=\frac{1.43}{(R_1+2R_2)C_1}$$

式中，充电时间 $t_1=0.7(R_1+R_2)C_1$，放电时间 $t_2=0.7R_2C_1$。$R_1=62\text{k}\Omega$，$R_2=39\text{k}\Omega$，$C_1=10\mu\text{F}$，经计算得到 $f=1\text{Hz}$，即 1s。

（2）石英晶体产生秒信号

石英晶体产生秒信号如图 7-12 所示，CD4060 对石英晶体产生的振荡信号 $f=32768\text{Hz}$ 进行 14 分频，CD4518 再对已分频的信号进行 1 分频，$f_{\text{out}}=1\text{Hz}$。

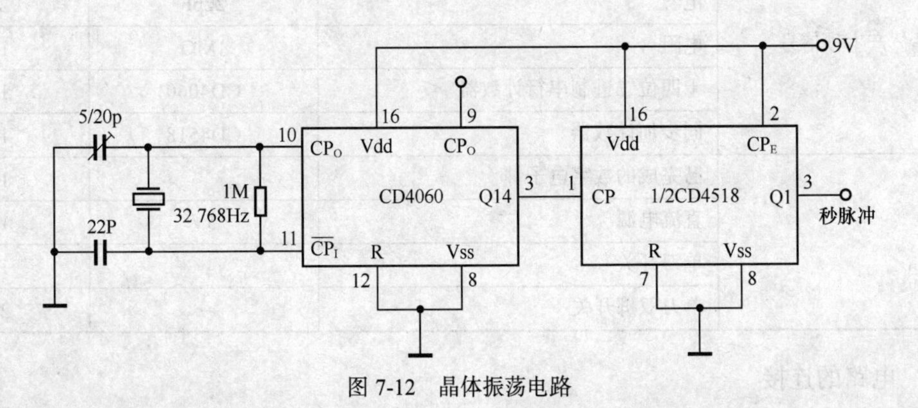

图 7-12 晶体振荡电路

（3）校正控制电路

当电子钟接通电源或者计时出现误差时，需要人为干涉校正时间，校正电路分别实现对时、分的校正。以“分”计数的校正控制电路为例，采用单刀双掷开关，开关常闭于 1 点，秒计数器向分计数器的进位脉冲作为正常的计数脉冲，分计数器实现正常计数；当开关打到 2 点时，由信号发生器产生的 1Hz 基准脉冲作为校正脉冲，分计数器就自动按照秒的频率计数，快速调准时间。在校正“分”时，当计数满 60 时会自动向“时”进位，从而实现校时功能。

7.5.2 任务实现

1. 元件检测

（1）外观质量检查

电子元器件应完整无损，各种型号、规格、标志应清晰、牢固，标志符号不能模糊不清或脱落。

（2）元器件的测试

用万用表检测电阻、电容；用 IC 测试仪检测 555 定时器，CD4060、CD4518。

2. 元器件清单

本任务所用元器件清单见表 7-2。

表 7-2 元器件清单

项目	名称	规格/型号	数量
555 定时器产生秒信号	555 时基电路		1
	电阻	62kΩ	1
		39kΩ	1
	电解电容	10μF	1
	瓷片电容	100pF	1
	电源	5V	1
石英晶体产生秒信号	石英晶体振荡器	32768Hz	1
	电容	22pF	2
	电阻	1MΩ	1
	十四位二进制串行计数器	CD4060	1
	同步加计数器	CD4518	1
	已完成的数字电子钟		1
	直流电源	5V	1
	单刀开关		1
	单刀双掷开关		2

3. 电路的连接

利用单股绝缘导线在面包板或万用板上完成电路的连接。装配时，先焊接 IC 等小器件，

连线时一定要注意集成电路的引脚排列；在布线时，注意电源、地线的处理，整体布局符合布线规则。

4. 电路的检测与调试

电路连接完成后，首先不要通电，对照原理图检查电路的连线是否正确，元件的引脚及导线的端头是否连接良好。

一切检查完后，将电路接通 5V 电源，在输出端接入示波器，观察是否产生 1Hz 的标准秒脉冲，并进行校准。

7.6 评分标准

本项任务的评分标准见表 7-3。

表 7-3　评分标准

任务：数字电子钟的分析与制作			组员：			
项目	分值	考核标准	扣分标准	扣分	得分	备注
电路分析	30 分	能正确分析电路的工作原理	每处错误扣 5 分			
电路连接	30 分	1. 正确测量元器件； 2. 工具使用正确； 3. 元件位置，连线正确	1. 不能正确测量元器件，不能正确使用工具，每处扣 2 分； 2. 错装、漏装，每处扣 5 分			
电路调试	10 分	能产生 1Hz 的标准秒脉冲	不能产生 1Hz 的标准秒脉冲不计分			
故障检修	20 分	1. 检修思路清晰，正确判断故障原因，方法运用得当； 2. 检修结果正确； 3. 正确使用仪表	1. 检修思路不清晰，故障原因分析错误，每次扣 2 分； 2. 检修结果错误，每次扣 2 分； 3. 仪表使用错误，每次扣 2 分			
安全文明工作	10 分	1. 安全用电，无人为损坏仪器、元件和设备； 2. 保持环境整洁，秩序井然，操作习惯良好； 3. 小组成员协作和谐，态度正确； 4. 不迟到、早退、旷课	1. 发生安全事故，扣 10 分； 2. 人为损坏设备、元器件，扣 10 分； 3. 现场不整洁、工作不文明，团队不协作，扣 5 分； 4. 不遵守考勤制度，每次扣 5 分			
总分						

本章小结

555 定时器是一种用途很广的集成电路，它成本低，性能可靠，只需要外接几个电阻、电容，就可以实现多谐振荡器、单稳态触发器及施密特触发器等脉冲产生与变换电路。

多谐振荡器是一种矩形波产生电路，多谐振荡器的特点是两个暂态，无稳定状态。它

通过外接电阻和电容或晶体振荡器来确定它的频率。

单稳态触发器的特点是：它有稳态和暂稳态两个不同的工作状态，在无外信号作用时，单稳态保持稳态不变；在外加脉冲作用下，触发器能从稳态翻转到暂稳态；在暂稳态维持一段时间后，将自动返回稳态。暂稳态维持时间的长短取决于电路本身的参数，与外加触发信号无关。集成单稳态触发器有非重复触发与重复触发两种集成芯片。单稳态触发器主要用于信号的定时和整形。

施密特触发器的特点是：它有两个稳定状态（即具有双稳态），电路通过用外加输入电位触发在两个稳态之间的转换；它的传输特性具有迟滞回线的特征，具有一定的抗干扰能力，主要用于把信号整形为数字电路所需的脉冲。

本章推荐实验：利用 555 芯片分别构成多谐振荡器、单稳态触发器及施密特触发器。

思考练习题

1. 555 时基集成电路主要由哪几部分构成，每部分各起什么作用？
2. 单稳态触发器的特点是什么？
3. 试说明单稳态触发器的主要用途。
4. 施密特触发器的特点是什么？
5. 试述施密特触发器的主要用途。

6. 若反相输出的施密特触发器输入信号波形如题图 7-1 所示，试画出输出信号的波形。施密特触发器的转换电平 V_{T+}、V_{T-} 已在输入信号波形图上标出。

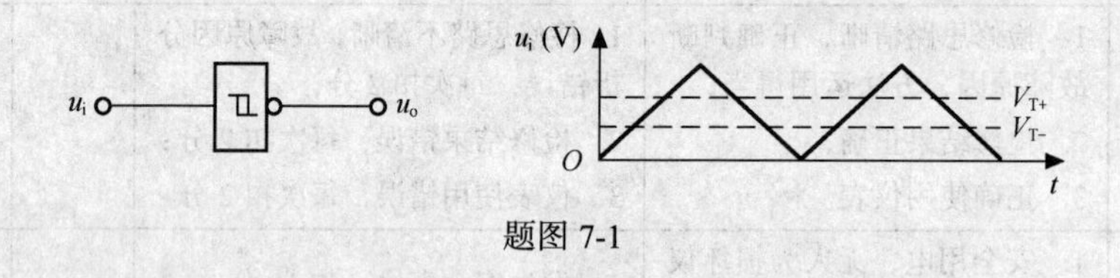

题图 7-1

7. 试画出用 555 定时器组成施密特触发器的电路的连接图。

实训操作题

1. 试用 555 定时器组成暂稳脉宽为 5ms 的单稳态电路（$C = 0.1\mu F$）。
2. 试用 555 定时器设计一个多谐振荡器，要求输出脉冲的振荡频率为 20kHz，占空比等于 75%。

第8章 0～5V电压发生器的分析与制作

8.1 项目描述

利用数模转化芯片制作 0～5V 电压产生电路。

8.2 教学目标

通过对 0～5V 电压发生器电路的分析与制作，使学生掌握 DAC、ADC 的基本工作原理，能按要求进行电路的装配、测试与调试，并能排除调试过程中出现的简单故障。

8.3 必备知识

目前先进的信息处理和自动控制设备大都是数字系统，例如数字通信系统、数字电视及广播、数控系统、数字仪表等。实际信号大多是连续变化的模拟信号，例如电压、电流、声音、图像、温度、压力、光通量等。因此应把这些模拟量转换成数字量才能进入数字系统内进行处理（对于非电模拟量还应先通过转换器或传感器，将其变换成电模拟量），这种将模拟量转换成数字量的过程称为“模数转换”。完成模数转换的电路称为模数转换器，简称 ADC。相反，经数字系统处理后的数字量，有时又要求再转换成模拟量，以便实际使用（如用来视、听），这种转换称为“数模转换”。完成数模转换的电路称为数模转换器，简称 DAC。

8.3.1 数模转换器

1. D/A 转换器的基本工作原理

D/A 转换器是将输入的二进制数字量转换成模拟量，以电压或电流的形式输出。

D/A 转换器实质上是一个译码器（解码器）。一般常用的线性 D/A 转换器，其输出模拟电压 u_O 和输入数字量 Dn 之间成正比关系。U_{REF} 为参考电压，如图 8-1 所示。

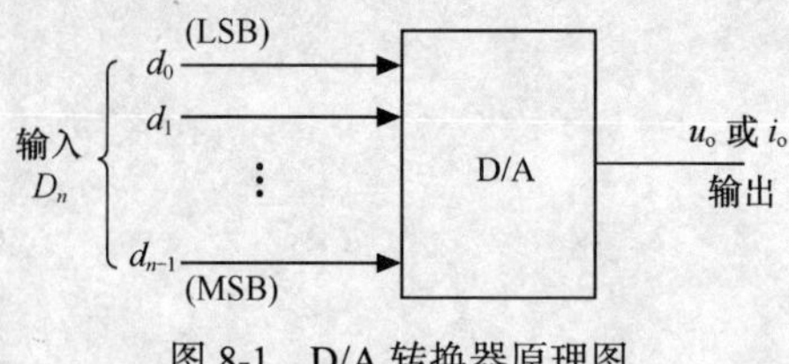

图 8-1　D/A 转换器原理图

将输入的每一位二进制代码按其权值大小转换成相应的模拟量，然后将代表各位的模拟量相加，则所得的总模拟量就与数字量成正比，这样便实现了从数字量到模拟量的转换。

$$D_n = d_{n-1}2^{n-1} + d_{n-2}2^{n-2} + \ldots + d_0 2^0 = \sum_{i=0}^{n-1} d_i 2^i$$

$$\begin{aligned} u_o &= D_n U_{\text{REF}} \\ &= d_{n-1}2^{n-1}U_{\text{REF}} + d_{n-2}2^{n-2}U_{\text{REF}} + \cdots + d_{n-1}2^{n-1}U_{\text{REF}} \\ &= \sum_{i=0}^{n-1} d_i 2^i U_{\text{REF}} \end{aligned}$$

即 D/A 转换器的输出电压 u_O 等于代码为 1 的各位所对应的各分模拟电压之和。

D/A 转换器一般由数码缓冲寄存器、模拟电子开关、参考电压、解码网络和求和电路等组成。数字量以串行或并行方式输入，并存储在数码缓冲寄存器中；寄存器输出的每位数码驱动对应数位上的电子开关，将在解码网络中获得的相应数位权值送入求和电路；求和电路将各位权值相加，便得到与数字量对应的模拟量。

2. D/A 转换器的主要电路形式

（1）权电阻网络 DAC

① 电路组成

电路组成如图 8-2 所示。

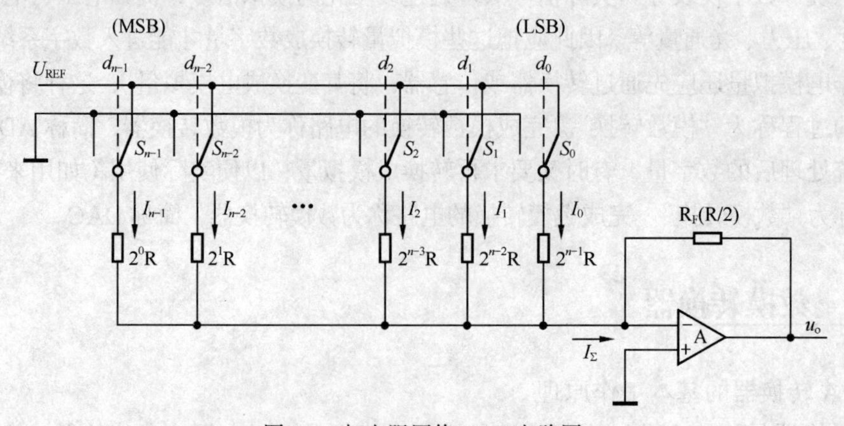

图 8-2　权电阻网络 DAC 电路图

权电阻的排列顺序和权值的排列顺序相反。

② 输出电压（令 $R_F = R/2$）

$$u_0 = -\frac{U_{REF}}{2^n}\sum_{i=0}^{n-1} d_i 2^i = -\frac{U_{REF}}{2^n} D_n$$

即输出的模拟电压 u_O 正比于输入的数字量 D_n，从而实现了从数字量到模拟量的转换。

当 $D_n = D_{n-1} \cdots D_0 = 0$ 时，$u_O = 0$；

当 $D_n = D_{n-1} \cdots D_0 = 11\ldots1$ 时，$u_o \dfrac{2^n - 1}{2^n} U_{REF}$

因而 u_O 的变化范围是 $0 \sim \dfrac{2^n - 1}{2^n} U_{REF}$

③ 权电阻网络 D/A 转换器的特点

优点：结构简单，电阻元件数较少。

缺点：阻值相差较大，制造工艺复杂。

（2）T 型电阻网络 DAC

① 电路组成

电路组成如图 8-3 所示。

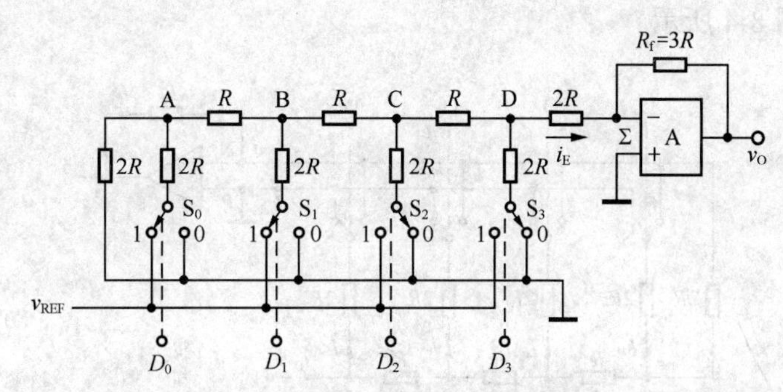

图 8-3　T 型电阻网络 DAC 电路图

$S_0 \sim S_3$：4 个电子模拟开关，分别受输入的数字信号 $D_0 \sim D_3$ 控制。

当 $D_i = 0$ 时，开关 S_i 切换到接地端；当 $D_i = 1$ 时，开关 S_i 接向基准电压 V_{REF}。

② 输出电压

模拟开关 S_i 是接向基准电压 V_{REF}，还是接向地端，受到输入的二进制数码 $D_3D_2D_1D_0$ 控制。因此，i_Σ 的一般表达式为

$$i_\Sigma = \frac{V_{REF}}{3R}\left(\frac{1}{2}D_3 + \frac{1}{2^2}D_2 + \frac{1}{2^3}D_1 + \frac{1}{2^4}D_0\right) = \frac{1}{2^4} \bullet \frac{V_{REF}}{3R}(2^3 D_3 + 2^2 D_2 + 2^1 D_1 + 2^0 D_0)$$

输出电压 v_O 为

$$v_O = -i_\Sigma \cdot R_f = -i_\Sigma \cdot 3R = -\frac{V_{REF}}{2^4}(2^3 D_3 + 2^2 D_2 + 2^1 D_1 + 2^0 D_0)$$

对于 n 位 T 型网络 DAC，可推广为

$$v_O = -\frac{V_{REF}}{2^n}(2^{n-1}D_{n-1} + 2^{n-2}D_{n-2} + \cdots + 2^1 D_1 + 2^0 D_0)$$

输出模拟电压 v_O 与输入数字量成正比，比例系数为 $-V_{REF}/2^n$。

例 1：有一个 5 位 T 型电阻 DAC，$V_{REF} = 10\text{ V}$，$R_f = 3R$，$D_4D_3D_2D_1D_0 = 11010$，试求出输出电压 v_O=?

解：由上述公式可得

$$v_O = -\frac{V_{REF}}{2^5}(2^4 D_{n-4} + 2^3 D_3 + 2^2 D_2 + 2^1 D_1 + 2^0 D_0) = -\frac{10\text{ V}}{32}(16+8+0+2+0) = -8.125\text{ V}$$

③ T 型电阻网络 D/A 转换器的特点

T 型电阻网络由于只用了 R 和 $2R$ 两种阻值的电阻，其精度易于提高，也便于制造集成电路。但也存在以下缺点：在工作过程中，T 型网络相当于一根传输线，从电阻开始到运放输入端建立起稳定的电流电压为止需要一定的传输时间，当输入数字信号位数较多时，将会影响 D/A 转换器的工作速度。另外，电阻网络作为转换器参考电压 V_R 的负载电阻将会随二进制数 D 的不同有所波动，参考电压的稳定性可能因此受到影响。所以实际中，常用下面的倒 T 型 D/A 转换器。

（3）倒 T 型电阻网络 DAC

① 电路组成

电路组成如图 8-4 所示。

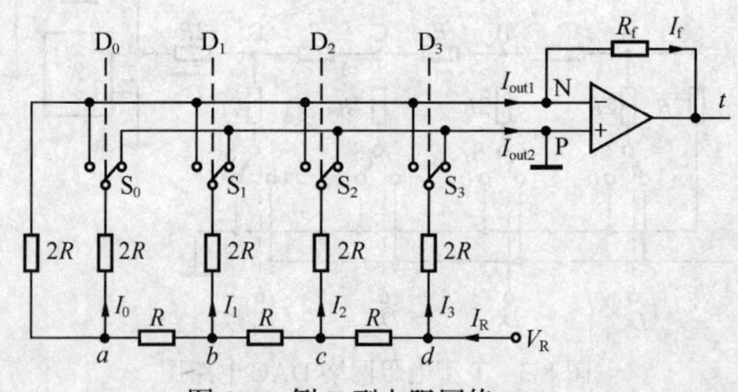

图 8-4 倒 T 型电阻网络 DAC

模拟开关直接与虚地 Σ 相连。当 D_i= 0 时，对应的模拟开关接向地端；当 D_i= 1 时，对应的模拟开关接向虚地Σ端。图中反相运放 A 的反馈电阻 $R_F = R$。

② 输出电压

因为倒 T 型 DAC 任一节点对地的等效电阻为 R，所以从基准电压 V_{REF} 流出的电流 I 为

$$I = V_{REF}/R$$

电流每流过一个节点，就均分为两支相等的电流。各模拟开关 S_3、S_2、S_1、S_0 流过的电流分别为 $I/2$、$I/4$、$I/8$、$I/16$，而且与开关的状态无关。

输入数码为任意值时，i_Σ 的一般表达式为

$$i_\Sigma = I/2 \bullet D_3 + I/4 \cdot D_2 + I/8 \bullet D_1 + I/16 \bullet D_0 = \frac{1}{2^4} \bullet \frac{V_{REF}}{R}(2^3 D_3 + 2^2 D_2 + 2^1 D_1 + 2^0 D_0)$$

输出电压 v_O 为

$$v_O = -i_\Sigma \cdot R_f = -\frac{V_{REF}}{2^4}(2^3 D_3 + 2^2 D_2 + 2^1 D_1 + 2^0 D_0)$$

③ 倒 T 型电阻网络 D/A 转换器的特点

优点：电阻种类少，只有 R 和 2R，提高了制造精度；而且支路电流流入求和点不存在时间差，提高了转换速度。

应用：它是目前集成 D/A 转换器中转换速度较高且使用较多的一种，如 8 位 D/A 转换器 DAC0832，就是采用倒 T 型电阻网络。

3. D/A 转换器的性能指标

（1）分辨率：是指 D/A 能转换的二进制位数，位数越多，分辨率越高。

例：转换 8 位，若电压满量程为 5V，则能分辨的最小电压为：5V/256≈20mV。

转换 10 位，若电压满量程为 5V，则能分辨的最小电压为：5V/1024≈5mV。

（2）转换时间：指数字量输入到转换输出稳定为止所需的时间。

（3）精度：指 D/A 实际输出与理论值之间的误差，一般采用数字量的最低有效位作为衡量单位。

例：±1/2LSB，若是 8 位转换，则精度是±（1/2）×（1/256）满度 = ±1/512 满度。

（4）线性度：当数字量变化时，D/A 输出的电模拟量按比例关系变化的程度。

模拟量输出偏离理想输出的最大值称为线性误差。

4. 8 位集成 DAC0832

（1）DAC0832 结构

它由一个 8 位输入寄存器、一个 8 位 DAC 寄存器和一个 8 位 D/A 转换器三大部分组成，D/A 转换器采用了倒 T 型 R-2R 电阻网络。

（2）DAC0832 引脚功能

D_7～D_0：8 位输入数据信号。

ILE：输入锁存允许信号，高电平有效。

CS：片选信号，低电平有效。

WR1：输入数据选通信号，低电平有效。（上升沿锁存）

XFER：数据传送选通信号，低电平有效。

WR2：数据传送选通信号，低电平有效。（上升沿锁存）

I_{OUT1}：DAC 输出电流 1。当 DAC 锁存器中为全 1 时，I_{OUT1} 最大（满量程输出）；为全 0 时，I_{OUT1} 为 0。

I_{OUT2}：DAC 输出电流 2。它作为运算放大器的另一个差分输入信号（一般接地）。满足 $I_{OUT1}+I_{OUT2}$ = 满量程输出电流。

R_{fb}：反馈电阻（内已含一个反馈电阻）接线端。DAC0832 中无运放，且为电流输出，使用时须外接运放。芯片中已设置了 R_{fb}，只要将此引脚接到运放的输出端即可。若运放增益不够，还须外加反馈电阻。

U_{REF}：参考电压输入。一般此端外接一个精确、稳定的电压基准源。U_{REF} 可在−10V～+10V 范围内选择。

V_{CC}：电源输入端（一般取+5～+15V）。

DGND：数字地，是控制电路中各种数字电路的零电位。

AGND：模拟地，是放大器、A/D 和 D/A 转换器中模拟电路的零电位。

任何导线都可以被理解成电阻，因此，尽管连在一起的“地”，其各个位置上的电压也并非一致的，对于数字电路，由于噪声容限较高，通常是不需要考虑“地”的形式的，但对于模拟电路而言，这个不同地方的“地”对测量的精度是构成影响的，因此，通常是把数字电路部分的地和模拟部分的地分开布线，只在板中的一点把它们连接起来。

（3）DAC0832 特性参数

分辨率：　　　8 位

建立时间：　　1μs

增益温度系数：20ppm/℃（ppm—百万分之一，10^{-6}）

输入电平：　　TTL

功耗：　　　　20mW

（4）DAC0832 工作方式

当 ILE、CS 和 WR1 同时有效时，输入数据 D_{I7}～D_{I0} 进入输入寄存器；并在 WR_1 的上升沿实现数据锁存。当 WR_2 和 XFER 同时有效时，输入寄存器的数据进入 DAC 寄存器；并在 WR_2 的上升沿实现数据锁存。八位 D/A 转换电路随时将 DAC 寄存器的数据转换为模拟信号（I_{OUT1}+I_{OUT2}）输出。

DAC0832 的使用有双缓冲器型、单缓冲器型和直通型三种工作方式，如图 8-5 所示。

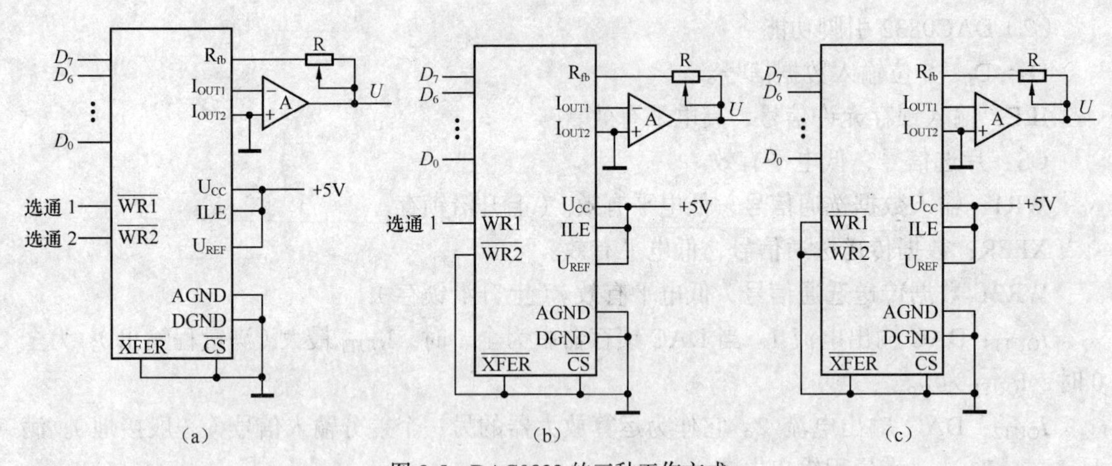

图 8-5　DAC0832 的三种工作方式

① 双缓冲方式：采用二次缓冲方式，可在输出的同时，采集下一个数据，提高了转换速度；也可在多个转换器同时工作时，实现多通道 D/A 的同步转换输出如图（a）所示。

② 单缓冲方式：适合在不要求多片 D/A 同时输出时。此时只需一次写操作，就开始转换，提高了 D/A 的数据吞吐量如图（b）所示。

③ 直通方式：输出随输入的变化随时转换如图（c）所示。

8.3.2　模数转换器

1. A/D 转换器的基本工作原理

A/D 转换是将模拟信号转换为数字信号，转换过程须通过取样、保持、量化和编码四个步骤完成。

（1）采样和保持

采样（也称取样）是将时间上连续变化的信号转换为时间上离散的信号，即将时间上连续变化的模拟量转换为一系列等间隔的脉冲，脉冲的幅度取决于输入模拟量，其过程如图 8-6 所示。

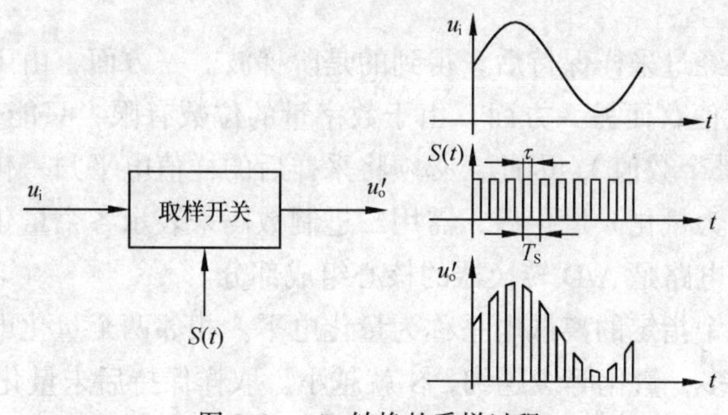

图 8-6　A/D 转换的采样过程

图中 $ui(t)$ 为输入模拟信号，$S(t)$ 为采样脉冲，$u'_{O(t)}$ 为取样输出信号。

在取样脉冲作用期 τ 内，取样开关接通，使输出 $u'_O(t) = u_i(t)$，在其他时间内，输出输出 $u'_O(t) = 0$。因此，每经过一个取样周期 T_S，对输入信号取样一次，在输出端便得到输入信号的一个取样值。为了不失真地恢复原来的输入信号，根据取样定理，一个频率有限的模拟信号，其取样频率 $f_S = 1/T_S$ 必须大于等于输入模拟信号包含的最高频率 f_{max} 的两倍，即取样频率必须满足

$$f_S \geqslant 2f_{max}$$

模拟信号经采样后，得到一系列样值脉冲。采样脉冲宽度 τ 一般是很短暂的，而要把每一个采样的窄脉冲信号数字化，应在下一个采样脉冲到来之前暂时保持所取得的样值脉冲幅度，以便 A/D 转换器有足够的时间进行转换。把每次采样的模拟信号存储到下一个采样脉冲到来之前的过程称为保持。因此，在取样电路之后须加保持电路，如图 8-7 所示。

图 8-7（a）所示是一种常见的采样保持电路，场效应管 V 为采样门，电容 C 为保持电容，运算放大器为跟随器，起缓冲隔离作用。在取样脉冲 $S(t)$ 到来的时间 τ 内，场效应管 V 导通，输入模拟量 $u_i(t)$ 向电容 C 充电；假定充电时间常数远小于 τ，那么电容 C 上的充电电压能及时跟上 $u_i(t)$ 的采样值。采样结束，场效应管 V 迅速截止，电容 C 上的充电电压就保持了前一取样时间内的输入 $ui(t)$ 的值，一直保持到下一个取样脉

冲到来为止。当下一个取样脉冲到来，电容 C 上的电压再按输入 $u_i(t)$ 变化。在输入一连串取样脉冲序列后，取样保持电路的缓冲放大器输出电压 $u_O(t)$ 便得到如图（b）所示的波形。

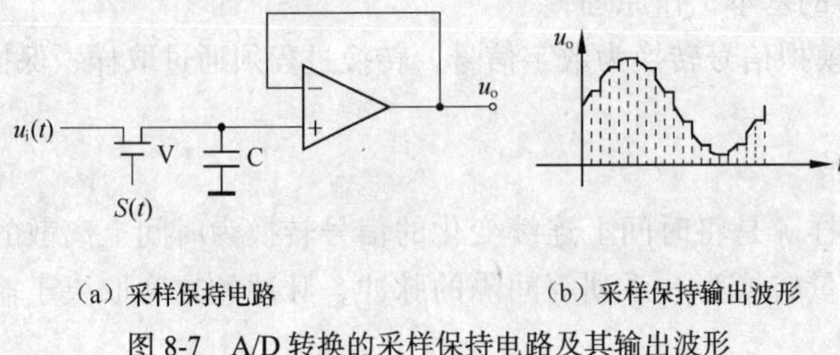

（a）采样保持电路　　（b）采样保持输出波形

图 8-7　A/D 转换的采样保持电路及其输出波形

（2）量化和编码

输入的模拟电压经过采样保持后，得到的是阶梯波。一方面，由于阶梯的幅度是任意的，将会有无限个数值，而另一方面，由于数字量的位数有限，只能表示有限个数值（n 位数字量只能表示 2^n 个数值），因此，必须将采样后的样值电平归一化到与之接近的离散电平上，这个过程称为量化。量化后，需用二进制数码来表示各个量化电平，这个过程称为编码。量化与编码电路是 A/D 转换器的核心组成部分。

量化过程中，这个指定的离散电平称为量化电平。相邻两个量化电平之间的差值称为量化间隔 S，位数越多，量化等级越细，S 就越小。取样保持后未量化的 $u_O(t)$值与量化电平 U_q 值的差值称为量化误差 δ，即 $\delta=u_O(t)-U_q$。

量化的方法一般有两种：只舍不入法和有舍有入法。只舍不入法是将取样保持信号 $u_O(t)$ 不足一个 S 的尾数舍去，取其原整数。这种方法 δ 总为正值，且 $\delta max \approx S$。有舍有入法是，当 $u_O(t)$的尾数 $< S/2$ 时用舍尾取整法得其量化值；当 $u_O(t)$的尾数 $\geqslant S/2$ 时，用舍尾入整法得其量化值。这种方法 δ 可正可负，但是$|\delta max| = S/2$。可见，它比第一种方法误差要小。

A/D 转换器的类型有多种，可以分为直接 A/D 转换器和间接 A/D 转换器两大类。在直接 A/D 转换器中，输入的模拟信号直接被转换成相应的数字信号；而在间接 A/D 转换器中，输入的模拟信号先被转换成某种中间变量（如时间 t、频率 f 等），然后再将中间变量转换为最后的数字量。

2. 并行比较型 ADC

并行 A/D 转换器是一种直接型 A/D 转换器，图 8-8 所示为三位的并行比较型 A/D 转换器的原理图。它由电压比较器，寄存器和编码器三部分构成。图中电阻分压器把参考电压 VR 分压，得到七个量化电平（$\frac{1}{16}V$R～$\frac{13}{16}V$R），这七个量化电平分别作为七个电压比较器 C7～C1 的比较基准。模拟量输入 V_I 同时接到七个电压比较器的同相输入端，与这七个量化电平同时进行比较。若 V_I 大于比较器的比较基准，则比较器的输出 $C_{o1}=1$，否则 $C_{o2}=0$。比较器的输出结果由七个 D 触发器暂时寄存（在时钟脉冲 CP 的作用下）以供编码用。最后由编码器输出数字量。模拟量输入与比较器的状态及输出数字量的关系如表 8-1 所示。

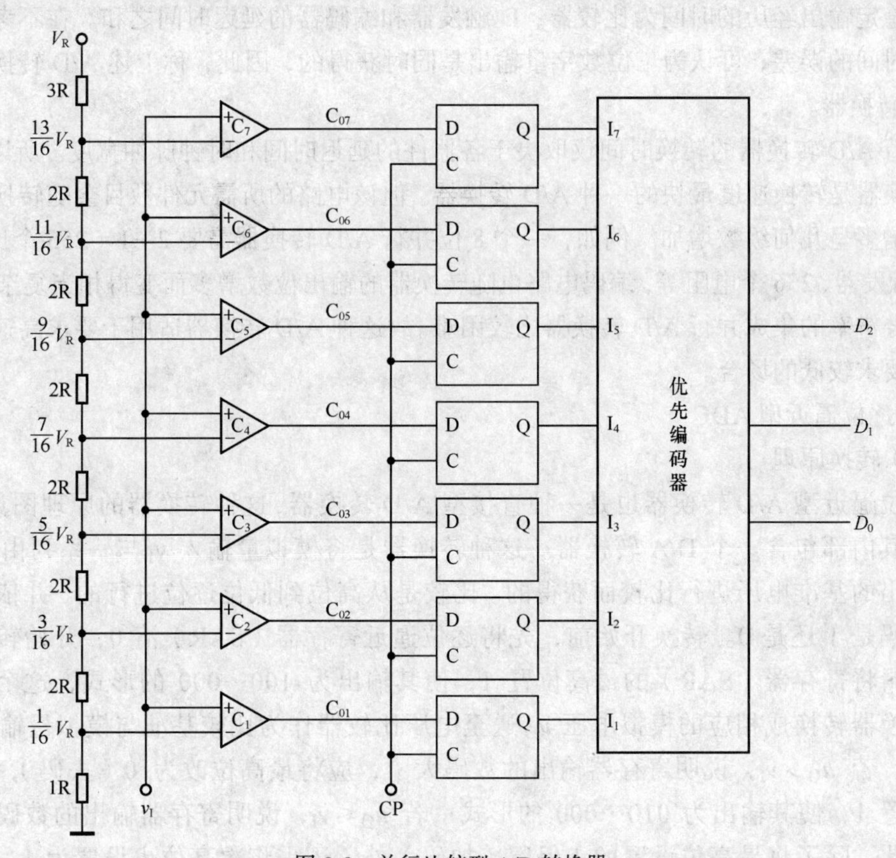

图 8-8　并行比较型 A/D 转换器

表 8-1　**并行比较型 A/D 转换器的输入与输出关系**

模拟量输入	比较器的输出状态 $C_{07}\,C_{06}\,C_{05}\,C_{04}\,C_{03}\,C_{02}\,C_{01}$	数字量输出 *D2 D1 D0*
$0 \leqslant v_I \leqslant \frac{1}{16}V\text{R}$	0000000	0　0　0
$\frac{1}{16}V\text{R} \leqslant v_I \leqslant \frac{3}{16}V\text{R}$	0000001	0　0　1
$\frac{3}{16}V\text{R} \leqslant v_I \leqslant \frac{5}{16}V\text{R}$	0000011	0　1　0
$\frac{5}{16}V\text{R} \leqslant v_I \leqslant \frac{7}{16}V\text{R}$	0000111	0　1　1
$\frac{7}{16}V\text{R} \leqslant v_I \leqslant \frac{9}{16}V\text{R}$	0001111	1　0　0
$\frac{9}{16}V\text{R} \leqslant v_I \leqslant \frac{11}{16}V\text{R}$	0011111	1　0　1
$\frac{11}{16}V\text{R} \leqslant v_I \leqslant \frac{13}{16}V\text{R}$	0111111	1　1　0
$\frac{13}{16}V\text{R} \leqslant v_I \leqslant V\text{R}$	1111111	1　1　1

在上述 A/D 转换中，输入模拟量同时加到所有比较器的同相输入端，从模拟量输入到

数字量稳定输出经历的时间为比较器、D 触发器和编码器的延迟时间之和。在不考虑各器件延迟时间的误差，可认为三位数字量输出是同时获得的，因此，称上述 A/D 转换器为并行 A/D 转换器。

并行 A/D 转换器的转换时间仅取决于各器件的延迟时间和时钟脉冲宽度。所以，并行 A/D 转换器是转换速度最快的一种 A/D 转换器。但该电路的所需元件数目会随转换器输出位数的增多呈几何级数增加。例如，一个 8 位并行 A/D 转换器需要 $2^8-1=255$ 个比较器、255 个触发器、256 个电阻等，编码电路也随转换器的输出位数增多而变得相当复杂。因此，制造高分辨率的集成并行 A/D 转换器比较困难。故这种 A/D 转换器适用于要求高速转换且对精度要求较低的场合。

3. 逐位逼近型 ADC

（1）转换原理

逐位逼近型 A/D 转换器也是一种直接型 A/D 转换器，这种转换器的原理图如图 8-9 所示，其内部包含一个 D/A 转换器。这种转换器是将模拟量输入 v_I 与一系列由 D/A 转换器输出的基准电压进行比较而获得的。比较是从高位到低位逐位进行的，并依次确定各位数码是 1 还是 0。转换开始前，先将逐位逼近寄存器（SAR）清 0，开始转换后，控制逻辑将寄存器（SAR）的最高位置 1，使其输出为 100…000 的形式，这个数码被 D/A 转换器转换成相应的模拟电压 u_O 送至电压比较器作为比较基准与模拟量输入 v_I 进行比较。若 $u_O>v_I$，说明寄存器输出的数码大了，应将最高位改为 0（去码），同时将次高位置 1，使其输出为 010…000 的形式；若 $u_O\leqslant v_I$，说明寄存器输出的数码还不够大，因此，除了将最高位设置的 1 保留（加码）外，还需将次高位也设置为 1，使其输出为 110…000 的形式。然后，再按上面同样的方法继续进行比较，确定次高位的 1 是去码还是加码。这样逐位比较下去，直到最低位止，比较完毕后，寄存器中的状态就是转化后的数字输出。

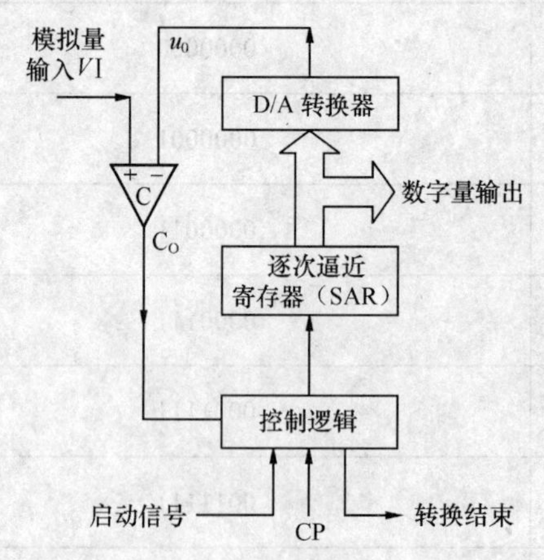

图 8-9　逐位逼近型 A/D 转换器的工作原理图

（2）转换电路

图 8-10 所示是一个四位逐次逼近 A/D 转换器的逻辑原理图。四个触发器 FF3～FF0 组成逐次逼近寄存器（SAR），兼作输出寄存器；五位移位寄存器既可进行并入/并出操作，

也可进行串入/串出操作。移位寄存器的并入/并出操作是在其使能端 G 由 0 变 1 时进行的（使 $Q_AQ_BQ_CQ_DQ_CQ_E$=ABCDE），串入/串出操作是在其时钟脉冲 CP 上升沿作用下按 $SINQ_AQ_BQ_CQ_DQ_CQ_E$ 顺序右移进行的。注意，SIN 接高电平，始终为 1。

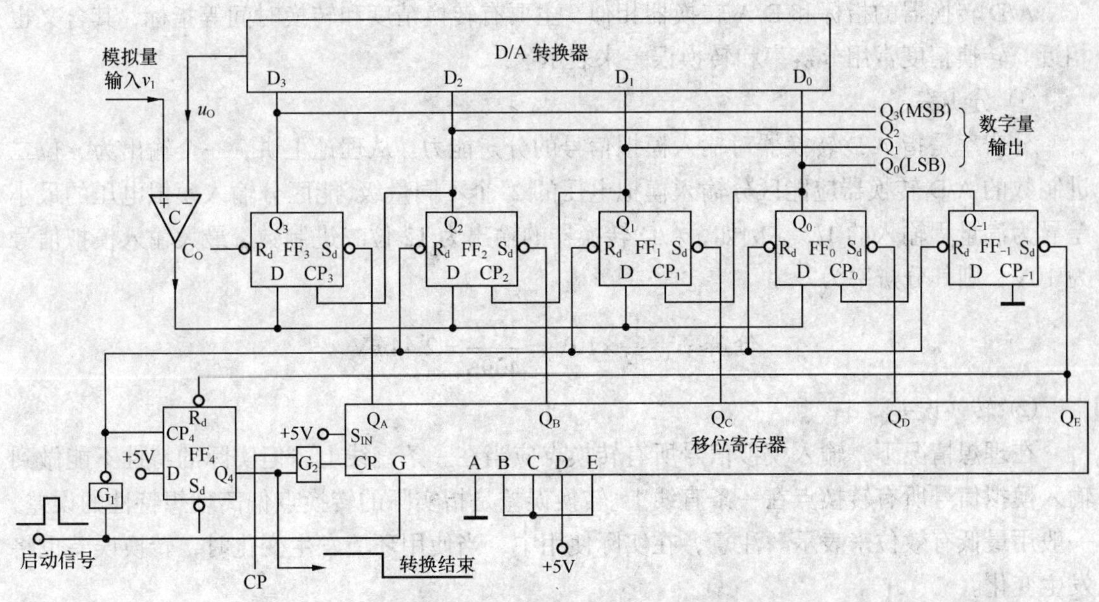

图 8-10　逐位逼近型 A/D 转换器的逻辑原理图

开始转换时，启动信号一路经门 G1 反相后首先使触发器 FF2、FF1、FF0、FF-1 均复位为 0，同时，另一路直接加到移位寄存器的使能端 G，使 G 由 0 变 1、$Q_AQ_BQ_CQ_DQ_CQ_E$=01111，Q_A=0 又使触发器 FF3 置位为 1，这样在启动信号到来时输出寄存器被设成 $Q_3Q_2Q_1Q_0$=1000。紧接着，一方面，D/A 转换器把数字量 1000 转换成模拟电压量 u_O，比较器把该电压量与输入模拟量 v_I 进行比较，若 $v_I > u_O$，则比较器输出 C_O=1，否则 C_O=0，比较结果 C_O 被同时送至逐次逼近寄存器（SAR）的各个输入端。另一方面，由于在启动信号下降沿 Q_4 置 1，G_2 打开，这样在下一个脉冲到来时，移位寄存器输出 $Q_AQ_BQ_CQ_DQ_CQ_E$=10111，Q_B=0 又使触发器 FF2 置位，Q_2 由 0 变 1，为触发器 FF3 接收数据提供了时钟脉冲，从而将 C_O 的结果保存在 Q_3 中，实现了 Q_3 的去码或加码；此时其它触发器 FF1、FF0 由于没有时钟脉冲，状态不会发生变化。经过这一轮循环后 $Q_3Q_2Q_1Q_0$=1100（C_O=1）或 $Q_3Q_2Q_1Q_0$=0100（C_O=0）。在下一轮循环中，D/A 转换器再一次把 $Q_3Q_2Q_1Q_0$=1100（C_O=1）或 $Q_3Q_2Q_1Q_0$=0100（C_O=0）这个数字量转换成模拟电压量，以便再次比较，……。如此反复进行，直到 Q_E=0 时才将最低位 Q_0 的状态确定，同时，触发器 FF4 复位，Q_4 由 1 变 0，封锁了 G_2，标志着转换结束。注意，图中每一位触发器的 CP 端都是和低一位的输出端相连，这样，每一位都只是在低一位由 0 置 1 时，才有一次接收数据的机会（去码或加码）。

逐次逼近 A/D 转换器的转换精度高，速度快，转换时间固定，易与微机接口，应用较广。常见的 ADC0809 就属于这种 A/D 转换器。

以上讨论了直接型 A/D 转换器，它们的优点是转换速度快，但转换精度受分压电阻、基准电压及比较器阈值电压等精度的影响，精度较差，所以，实际上，对精度要求较高时可使用双积分型 A/D 转换器，它是一种间接型 A/D 转换器。

4. ADC 的主要技术指标

A/D 转换器的指标和 D/A 转换器相似，主要有转换精度和转换时间等指标，其含义也相近。转换精度常用分辨率和转换误差来表示。

① 分辨率

分辨率是指 A/D 转换器对输入模拟信号的分辨能力。从理论上讲，一个输出为 n 位二进制数的 A/D 转换器应能区分输入模拟电压的 2^n 个不同量级，能区分输入模拟电压的最小差异为满量程输入的 $1/2^n$。例如，A/D 转换器的输出为 12 位二进制数，最大输入模拟信号为 10V，则其分辨率为

$$\text{分辨率}=\frac{1}{2^{12}}\times 10\text{V}=\frac{10\text{V}}{4096}=2.44m\text{V}$$

② 转换误差

在理想情况下，输入模拟信号所有转换点应当在一条直线上，但实际的特性不能做到输入模拟信号所有转换点在一条直线上。转换误差是指实际的转换点偏离理想特性的误差，一般用最低有效位来表示。注意，在实际使用中，当使用环境发生变化时，转换误差也将发生变化。

③ 转换时间和转换速度

转换时间是指完成一次 A/D 转换所需的时间，转换时间是从接到转换启动信号开始，到输出端获得稳定的数字信号所经过的时间。转换时间越短意味着 A/D 转换器的转换速度越快。A/D 转换器的转换速度主要取决于转换电路的类型，不同类型 A/D 转换器的转换速度相差很大。双积分型 A/D 转换器的转换速度最慢，需几百毫秒左右；逐次逼近式 A/D 转换器的转换速度较快，转换速度在几十微秒；并联型 A/D 转换器的转换速度最快，仅需几十纳秒时间。

8.4 任务分析与实现

8.4.1 任务分析

1. 电路路

电路图如图 8-11 所示。

2. 电路分析

当所有开关都打到接地端时，DAC 芯片输入的数字信号为 00H，当所有开关打到电源 5V 端时，DAC 芯片输入的数字量为 FFH。切换开关，8 个按键的组合可产生 00H～FFH 中的任一个数值，由数码管进行显示，开关与数码管显示一一对应，通过 DAC 转换后就可以把参考电压 5V 转换为 0～5V 任意大小的电压。

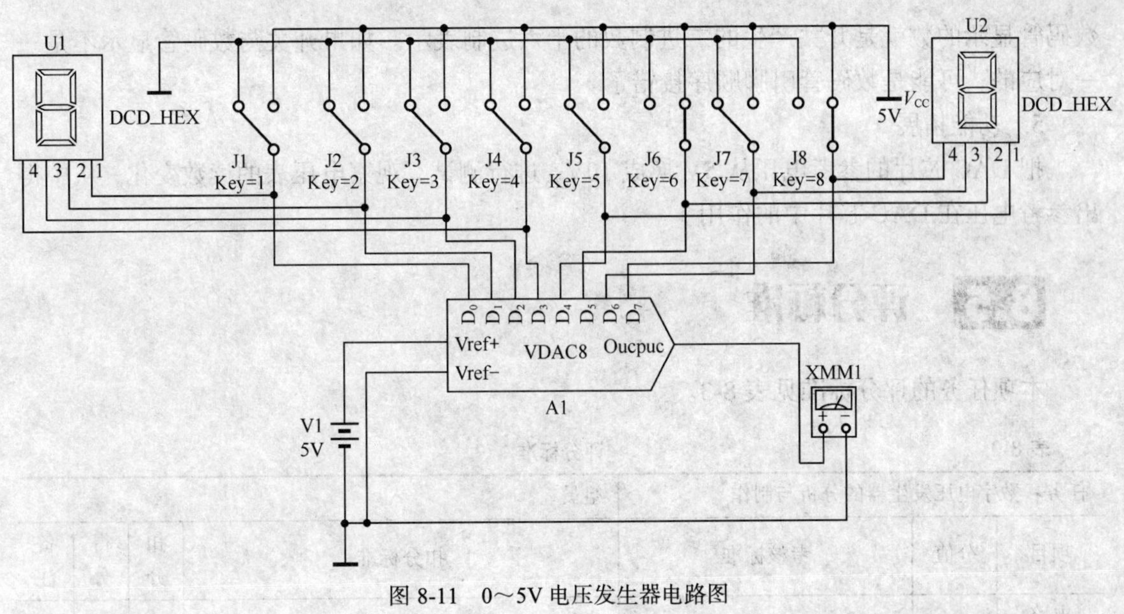

图 8-11　0～5V 电压发生器电路图

8.4.2　任务的实现

1. 电子元器件的检测与筛选

用万用表检测电阻、电容、数码管；用 IC 测试仪检测 DAC0832。

2. 元器件清单

本任务所用元器件清单见表 8-2。

表 8-2　元器件清单

名称	规格/型号	数量
数码管		2
数模转换器	DAC0832	1
电阻	1kΩ	2
瓷片电容	1uF	1
开关		8
直流稳压电源		1

3. 电路的连接

利用单股绝缘导线在面包板或万用板上完成电路的连接。装配时，先焊接 IC 等小器件，连线时一定要注意集成电路的引脚排列；在布线时，注意电源、地线的处理，整体布局符合布线规则。

4. 电路的检测与调试

电路连接完成后，首先不要通电，对照原理图检查电路的连线是否正确，元件的引脚及导线的端头是否连接良好。

通电检查数码管是否正确。当开关全部打到地时，数码管显示为 00；当开关全部打到高电平时，数码管显示为 FF；开关拨动一个，数码管都会变化；8 个开关代表二进制的数，数码管显示的数就是开关产生的二进制数的十六进制表示。如果开关与数码管显示不是一一对应的，可能是数码管引脚顺序接错了。

5. 功能拓展

把 DAC 芯片的参考电压从 5V 换成 10V，进行测试，观察电压表的读数变化，从中得出参考电压在 DAC 芯片中的作用。

8.5 评分标准

本项任务的评分标准见表 8-3。

表 8-3 评分标准

任务：数字电压发生器的分析与制作			组员			
项目	分值	考核标准	扣分标准	扣分	得分	备注
电路分析	30 分	能正确分析电路的工作原理	每处错误扣 5 分			
电路连接	30 分	1. 正确测量元器件 2. 工具使用正确 3. 元件位置，连线正确	1. 不能正确测量元器件，不能正确使用工具，每处扣 2 分 2. 错装、漏装，每处扣 5 分			
电路调试	10 分	开关与数码管显示一一对应；找出输入数值与输出电压对应关系；对参考电压作用总结正确	1. 开关与数码管显示不一一对应，扣 2 分 2. 不能找出输入数值与输出电压对应。关系，扣 2 分 3. 不能正确理解参考电压作用，扣 2 分			
故障检修	20 分	1. 检修思路清晰，正确判断故障原因，方法运用得当 2. 检修结果正确 3. 正确使用仪表	1. 检修思路不清晰，故障原因分析错误，每次扣 2 分 2. 检修结果错误，每次扣 2 分 3. 仪表使用错误，每次扣 2 分			
安全文明工作	10 分	1. 安全用电，无人为损坏仪器、元件和设备 2. 保持环境整洁，秩序井然，操作习惯良好 3. 小组成员协作和谐，态度正确 4.不迟到、早退、旷课	1. 发生安全事故，扣 10 分 2. 人为损坏设备、元器件，扣 10 分 3. 现场不整洁、工作不文明，团队不协作，扣 5 分 4. 不遵守考勤制度，每次扣 5 分			
总分						

本章小结

D/A 转换器和 A/D 转换器是现代数字系统的重要组成部件，是连接模拟与数字量的桥梁。

D/A 转换器可分为权电阻网络型、倒 T 电阻网络型和权电流型。由于倒 T 电阻网络型

只要两种阻值的电阻，具有较高的转换速度，在集成的 D/A 转换器得到广泛应用；而权电流型 D/A 转换器具有精度高、转换速度快的优点。

A/D 转换器的种类较多，常见的有并行比较型 A/D 转换器、逐次逼近型 A/D 转换器、双积分 A/D 转换器。逐次逼近型 A/D 转换器具有较高的速度和精度，与微机的接口应用最多；双积分型 A/D 转换器虽然速度慢，但其抗干扰能力强、性能可靠，在数字仪表中应用很广；并行比较型 A/D 转换器虽电路复杂但转换速度最高。

衡量 D/A 转换器和 A/D 转换器的主要指标是转换精度、转换速度（时间）。D/A 转换器、A/D 转换器的选用主要考虑其性能指标（转换速度、转换精度）、输入信号范围及抗干扰能力等因素。

本章推荐实验：芯片 0832 与 0809 的测试。

思考练习题

1. D/A 转换器的功能是什么？常见的 D/A 转换器有几种？

2. 有一个 8 位 T 电阻网络型 D/A 转换器，设 $U_R = +5V$，$R_f = 3R$，试求 $d_7 \sim d_0 = 11111111$，10000000，00001010 时的输出电压 U_O。

3. 设 D/A 转换器的输出电压为 0～5V，对于 12 位 D/A 转换器，试求它的分辨率。

4. 已知 D/A 转换器的最小输出电压为 $U_{LSB} = 5mV$，最大输出电压为 $U_{FSR} = 10V$，求该 D/A 转换器的位数是多少？

5. 在 6 位倒 T 型电阻网络 D/A 转换器中，若 $V_{REF} = 8V$，$R = 10k\Omega$，试计算：

（1）实际输出电流 I_{REF}、输出电压 u_O 的范围；

（2）输入二进制码为 100111 时，求输出电压 u_O；

（3）若输出电压为−2.625V，相应的输入数字信号是什么？

6. 试述逐次逼近型 A/D 转换器的工作原理。

7. A/D 转换器主要技术指标有哪些？ADC0809 是什么型的 A/D 转换器？

8. 已知一个八位逐次逼近型 A/D 转换器，当 A/D 转换器时钟信号频率 fc = 100kHz 时，求完成一次 A/D 转换需要多少个时钟脉冲？要多长时间？

9. 如 A/D 转换器输入的模拟电压不超过 10V，基准电压 U_{REF} 应该取多少伏？如转换成 8 位二进制数时，它能分辨的最小模拟电压是多大？

实训操作题

设计并制作数字温度计。

要求：将采集到的温度信号转换成电压信号，由 A/D 转换器转换成数字信号，送到显示电路显示温度值。

拓展篇

第9章 半导体存储器

存储器就是用以存储一系列二进制数码的器件。

半导体存储器的分类：根据使用功能的不同，半导体存储器可分为随机存取存储器（Random Access Memory，RAM）和只读存储器（Read-Only memory，ROM）。

按照存储机理的不同，RAM又可分为静态RAM和动态RAM。

存储器的容量＝字长（n）×字数（m）。

9.1 随机存取存储器（RAM）

随机存取存储器是一种既可以存储数据又可以随机取出数据的存储器，即可读/写的存储器。随机存取存储器有双极型晶体管存储器和MOS存储器之分。MOS随机存取存储器又可分为静态随机存取存储器（SRAM）和动态随机存取存储器（DRAM）。RAM保存的数据具有易失性，一旦失电，所保存的数据立即丢失。

1. RAM的电路结构与工作原理

（1）RAM存储单元存储单元是存储器的最基本细胞，它可以存放1位二进制数据。

① 静态RAM存储单元

静态RAM中存储单元的结构如图9-1所示。虚线框内为六管SRAM存储单元，其中VT_1～VT_4构成基本RS触发器。VT_5、VT_6为本存储单元的控制门，由行选择线X_i控制。$X_i=1$，VT_5、VT_6导通，存储单元与位线接通；$X_i=0$，VT_5、VT_6截止，存储单元与位线隔离。VT_7、VT_8是一列存储单元的公共控制门，用于控制位线和数据线的连接状态，由列选择线Y_j控制。显然，当位选信号X_i和列选信号Y_j都为高电平，VT_5～VT_8均导通，触发器与数据线接通，存储单元才能进行数据的读/写操作。静态RAM靠触发器保存数据，只要不断电，数据就能长久保存。

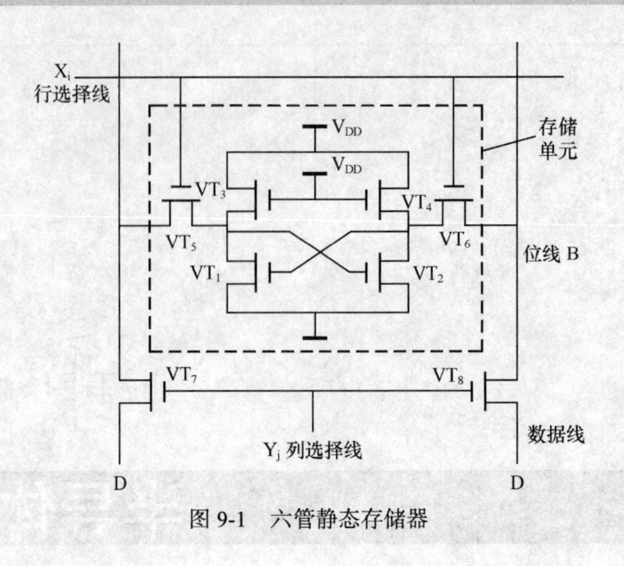

图 9-1　六管静态存储器

② 动态 RAM 存储单元

动态 RAM 存储数据的原理是靠 MOS　管栅极电容的电荷存储效应。由于漏电流的存在，栅极电容上存储的数据（电荷）不能长期保持，必须定期给电容补充电荷，以免数据丢失，这种操作称为刷新或再生。

动态 RAM 存储单元有三管和单管两种。图 9-2 所示为三管动态存储单元。图中的 MOS 管 VT_2 及其栅极电容 C 是动态 RAM 的基础，电容 C 上充有足够的电荷，VT_2 导通（0 状态），否则 VT_2 截止（1 状态）。图中行、列选择信号 X_i、Y_j 均为高电平时，存储单元被选中，经 VT_5 读出数据，或经 VT_4 写入数据。读/写控制信号 $R/\overline{W}$ 为高电平时进行读操作，低电平时进行写操作。在进行读操作时，由于 G_2 门打开，经 VT_3 读出的数据又再次写入存储单元，即对存储单元进行刷新。在进行写操作时，G_1 门打开，G_2 门关闭，写入数据 D_i 经 G_3 反相后使电容 C 充电或放电。$D_i=0$ 时，电容充电；$D_i=1$ 时，电容放电。

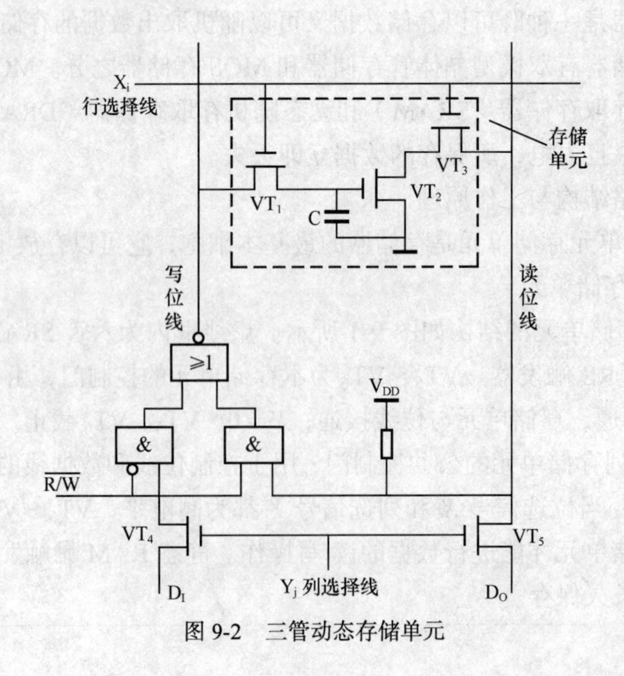

图 9-2　三管动态存储单元

（2）RAM 的基本结构

存储器一般由存储矩阵、地址译码器和输入/输出控制电路 3 部分组成，如图 9-3 所示。存储器有 3 类信号线，即数据线、地址线和控制线。

① 存储矩阵

一个存储器内有许多存储单元，一般按矩阵形式排列，排成 n 行和 m 列。存储器是以字为单位组织内部结构，一个字含有若干个存储单元，一个字所含位数称为字长。实际应用中，常以字数乘字长表示存储器容量。

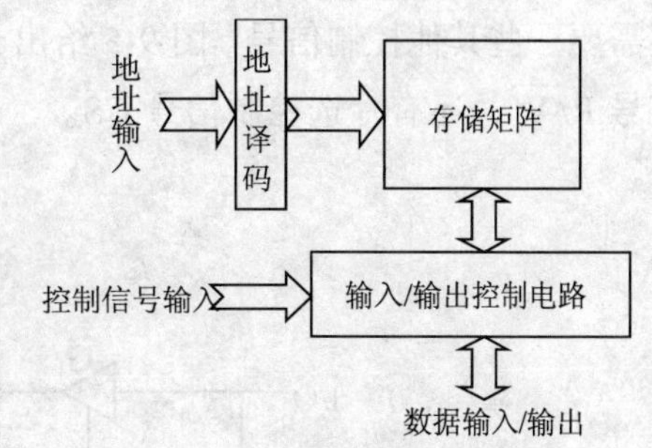

图 9-3　RAM 的基本结构

例如，一个容量为 256 × 4（256 个字，每个字有 4 个存储单元）存储器，共有 1 024 个存储单元，可以排成 32 行 × 32 列的矩阵，如图 9-4 所示。图中每四列连接到一个共同的列地址译码线上，组成一个字列。每行可存储 8 个字，每列可存储 32 个字，因此需要 8 根列地址选择线（Y_0～Y_7）、32 根行地址选择线（X_0～X_{31}）。

② 地址译码

通常存储器以字为单位进行数据的读/写操作，每次读出或写入一个字，将存放同一个字的存储单元编成一组，并赋矛一个号码，称为地址。不同的字存储单元被赋于不同的地址码，从而可以对不同的字存储单元按地址进行访问。字（存储）单元也称为地址单元。

通过地址译码器对输入地址译码选择相应的地址单元。在大容量存储器中，一般采用双译码结构，即有行地址和列地址，分别由行地址译码器和列地址译码器译码。行地址和列地址共同决定一个地址单元。地址单元个数 N 与二进制地址码的位数 n 有以下关系：

$$N = 2^n$$

即 2^n 个（字）存储单元需要 n 位（二进制）地址。

图 9-4 中，256 个字单元被赋于一个 8 位地址（5 位行地址和 3 位列地址），只有被行地址选择线和列地址选择线选中的地址单元才能对其进行数据读/写操作。

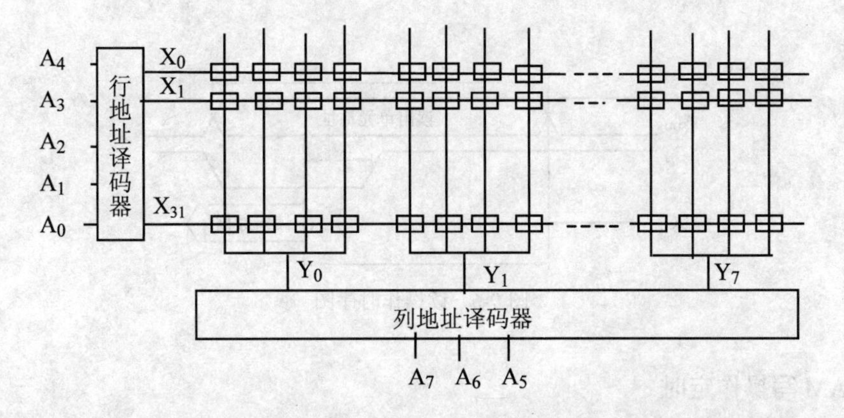

图 9-4　256 × 4 存储矩阵

③ 输入/输出控制

RAM 中的输入/输出控制电路除了对存储器实现读/写操作的控制外，为了便于控制，还需要一些其他控制信号。图 9-5 给出了一个简单输入/输出控制电路，它不仅有读/写控制信号 $R/\overline{W}$，还有片选控制信号 CS。

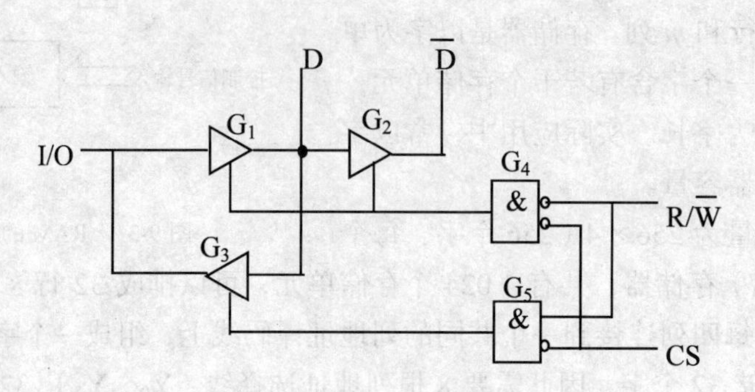

图 9-5 输入/输出控制电路

当片选信号 $CS=1$ 时，G_4、G_5 输出为 0，三个三态缓冲器 G_1、G_2、G_3 处于高阻状态，输入/输出（I/O）端与存储器内部隔离，不能对存储器进行读/写操作。当 $CS=0$ 时，存储器使能；若 $R/\overline{W}=1$，G_5 为 1，G_3 门打开，G_1、G_2 高阻状态，存储的数据 D 经 G_3 输出，即实现对存储器读操作；若 $R/\overline{W}=0$，G_4 为 1，G_1、G_2 打开，输入数据经缓冲后以互补形式出现在内部数据线上，实现对存储器写操作。

（3）RAM 的操作与定时

为保证存储器正确地工作，加到存储器的地址、数据和控制信号之间存在一种时间制约关系。

① RAM 读操作定时

图 9-6 给出了 RAM 读操作的定时关系。从时序图中可以看出，存储单元地址 ADD 有效后，至少需要经过 t_{AA} 时间，输出线上的数据才能稳定、可靠。t_{AA} 称为地址存取时间。片选信号 CS 有效后，至少需要经过 t_{ACS} 时间，输出数据才能稳定。图中 t_{RC} 称为读周期，他是存储芯片两次读操作之间的最小时间间隔。

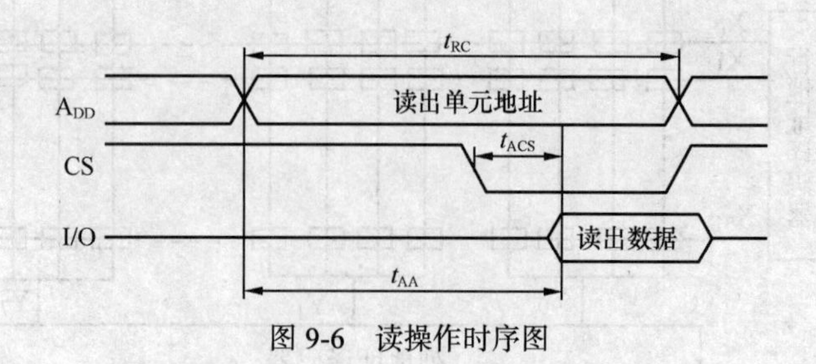

图 9-6 读操作时序图

② RAM 写操作定时

RAM 写操作定时波形如图 9-7 所示，从中可知地址信号 A_{DD} 和写入数据应先于写信号

R/$\overline{W}$。为防止数据被写入错误的单元，新地址有效到写信号有效至少应保持 t_{AS} 时间间隔，t_{AS} 称为地址建立时间。同时，写信号失效后，A_{DD} 至少要保持一段写恢复时间 t_{WR}，写信号有效时间不能小于写脉冲宽度 t_{WP}，t_{WC} 是写周期。

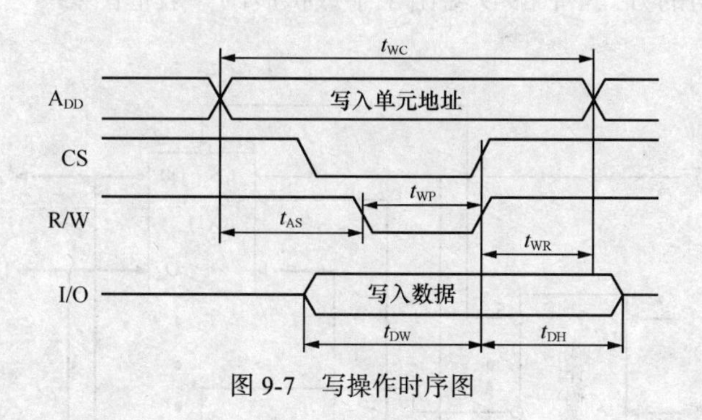

图 9-7　写操作时序图

2. RAM 存储容量的扩展

（1）字长（位数）的扩展

存储芯片的字长一般有 1 位、4 位、8 位和 16 位等。当存储系统实际字长超过存储芯片字长时，需要进行字长扩展。

一般字长扩展的方法是将存储芯片并联使用，如图 9-8 所示。这些存储芯片的地址、读/写、片选信号线应相应地连接在一起；而各芯片的输入/输出（I/O）线作为字节的各个位。

也可用其他方法扩展字长，譬如，一个（16 位二进制）字可用两个（8 位二进制）字节通过寄存器锁存的方式合并成一个（16 位）字。

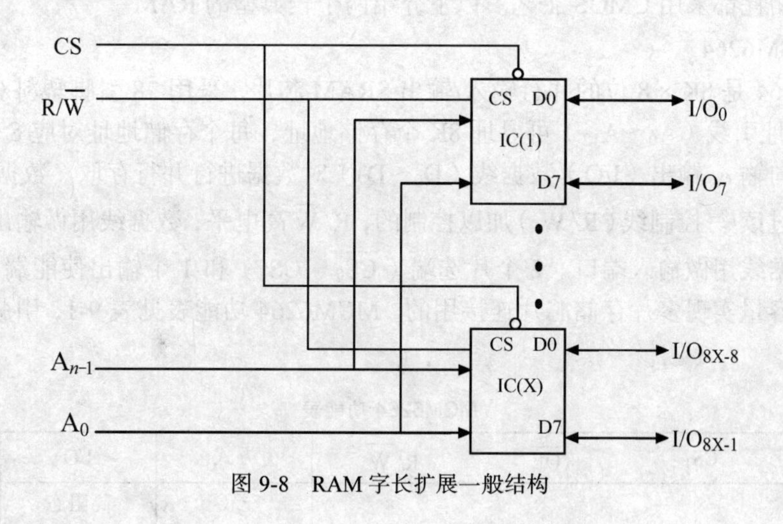

图 9-8　RAM 字长扩展一般结构

（2）存储器字数的扩展

存储器的地址线表明存储器寻址范围，一个存储器地址线的多少表明该存储器可存储字（节）数的多少。十根地址线（A_9～A_0）可有 2^{10} = 1 024 = 1K 个地址，可存储 1K 个字。存储器通常用 K、M、G 表示存储容量，1M = 2^{20} = 1 024K、1G = 2^{30} = 1 024M。当一片存

储器字（节）数不满足需要时，可以用多片存储器通过增加地址线的方式扩展寻址范围，增大总字（节）存储量。增加的（高位）地址线一般作为存储器的片选信号 CS，不同的高位地址选用不同的存储芯片存取数据。存储器 I/O 口是三态的，因此，这些存储器的 I/O 端可以直接采用线与的方式。图 9-9 给出了字数扩展的一般框图。

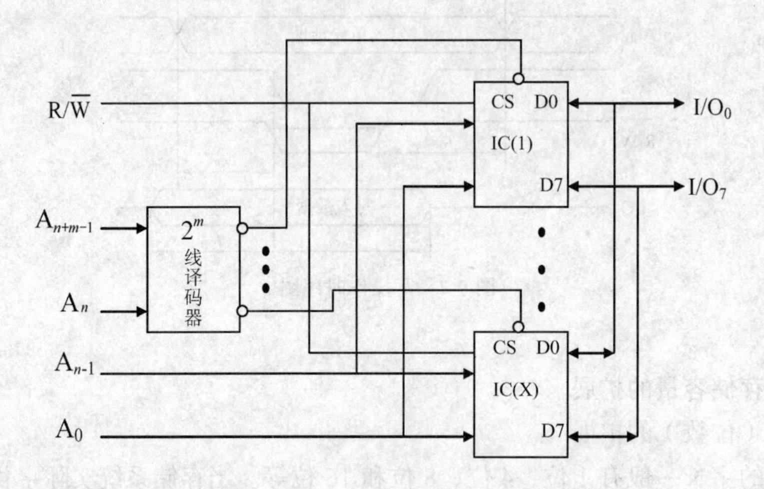

图 9-9　RAM 字数扩展一般结构

3. RAM 举例

存储器的品种繁多，除了 RAM 和 ROM 之分，存储容量区别之外，随机存储器 RAM 还有动态 DRAM 和静态 SRAM。一般地说，存储器芯片内半导体开关器件很多，为减小存储器芯片功耗都采用 CMOS 工艺。以下介绍两个较典型的 RAM。

（1）MCM6264

MCM6264 是 8K × 8 位的并行输入/输出 SRAM 芯片，采用 28 引脚塑料双列直插式封装，13 根地址引线（A_0～A_{12}）可寻址 8K 个存储地址，每个存储地址对应 8 个存储单元，通过 8 根双向输入/输出（I/O）数据线（D_0～D_7）对数据进行并行存取。数据线的输入/输出功能是通过读/写控制线（$R/\overline{W}$）加以控制的，$R/\overline{W}$ 高电平，数据线用做输出端口；$R/\overline{W}$ 低电平，数据线用做输入端口。2 个片选端（$\overline{CS_0}$、CS_1）和 1 个输出使能端（$\overline{OE}$）是为了扩展存储容量实现多片存储芯片连接用的。MCM6264 功能表见表 9-1，引脚分布和符号见图 9-10。

表 9-1　　MCM6264 功能表

$\overline{CS_0}$	CS_1	$\overline{OE}$	$R/\overline{W}$	方式	I/O	周期
1	×	×	×	无	高阻态	—
×	0	×	×	无	高阻态	—
0	1	1	1	输出禁止	高阻态	—
0	1	0	1	读	D_0	读
0	1	×	0	写	D_1	写

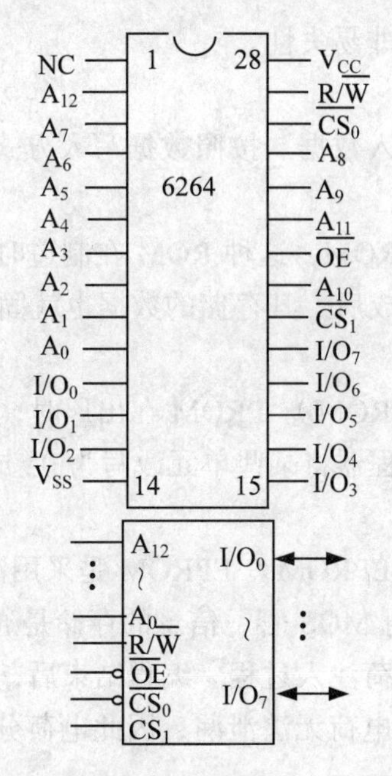

图 9-10　8K × 8SRAM　MCM6264 引脚分布及方框符号

（2）TMM41256

TMM41256 是 256K × 1 位的 DRAM 芯片。由于 DRAM 集成度高，存储容量大，因此需要的地址引线就多。为减少芯片外部引线数量，DRAM 一般都采用行、列地址分时输入芯片内部地址锁存器的方法，从而使外部地址线数量减少一半。图 9-11 给出了 TMM41256 的引脚分布及方框符号。

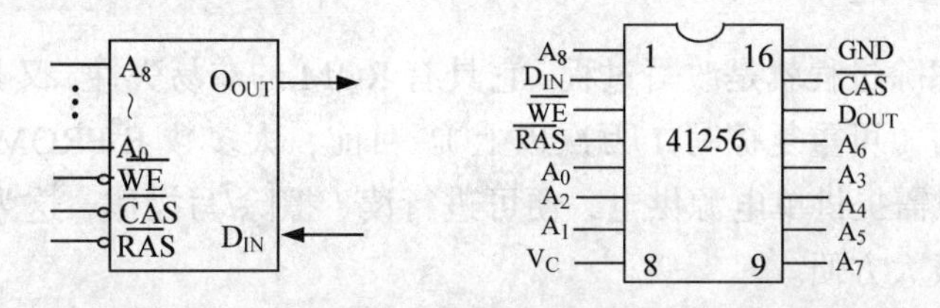

图 9-11　8K × 1DRAM　TMM41256 引脚分布及方框符号

行选通信号 $\overline{RAS}$ 下跳锁存行地址，列选通信号 $\overline{CAS}$ 下跳锁存列地址。写使能信号 $\overline{WE}$ 低电平，且 $\overline{RAS}$ 和 $\overline{CAS}$ 都为低电平，输入数据 D_{IN} 锁存到内部数据寄存器，执行数据写入操作。写使能信号 $\overline{WE}$ 高电平，且 $\overline{RAS}$ 和 $\overline{CAS}$ 都为低电平，地址锁存器确定的存储单元的数据由数据输出端 O_{OUT} 输出，执行数据读操作。DRAM 没有单独片选端，是由 $\overline{RAS}$ 信号提供片选功能。DRAM 必须有一个数据刷新操作，以保证数据不会丢失。

9.2 只读存储器（ROM）

只读存储器因工作时其内容只能读出而得名，常用于存储数字系统及计算机中不需改写的数据，例如数据转换表及计算机操作系统程序等。ROM（ReadOnly Memory）存储的

数据不会因断电而消失，即具有非易失性。

1. ROM 的分类

ROM 一般需由专用装置写入数据。按照数据写入方式特点不同，ROM 可分为以下几种。

（1）固定 ROM。也称掩膜 ROM，这种 ROM 在制造时，厂家利用利用掩膜技术直接把数据写入存储器中，ROM 制成后，其存储的数据也就固定不变了，用户对这类芯片无法进行任何修改。

（2）一次性可编程 ROM（PROM）。PROM 在出厂时，存储内容全为 1（或全为 0），用户可根据自己的需要，利用编程器将某些单元改写为 0（或 1）。PROM 一旦进行了编程，就不能再修改了。

（3）光可擦除可编程 ROM（EPROM）。EPROM 是采用浮栅技术生产的可编程存储器，它的存储单元多采用 N 沟道叠栅 MOS 管，信息的存储是通过 MOS 管浮栅上的电荷分布来决定的，编程过程就是一个电荷注入过程。编程结束后，尽管撤除了电源，但是，由于绝缘层的包围，注入到浮栅上的电荷无法泄漏，因此电荷分布维持不变，EPROM 也就成为非易失性存储器件了。

当外部能源（如紫外线光源）加到 EPROM 上时，EPROM 内部的电荷分布才会被破坏，此时聚集在 MOS 管浮栅上的电荷在紫外线照射下形成光电流被泄漏掉，使电路恢复到初始状态，从而擦除了所有写入的信息。这样 EPROM 又可以写入新的信息。

（4）电可擦除可编程 ROM（E^2PROM）。E^2PROM 也是采用浮栅技术生产的可编程 ROM，但是构成其存储单元的是隧道 MOS 管，隧道 MOS 管也是利用浮栅是否存有电荷来存储二值数据的，不同的是隧道 MOS 管是用电擦除的，并且擦除的速度要快得多（一般为 ms 数量级）。

E^2PROM 的电擦除过程就是改写过程，它具有 ROM 的非易失性，又具备类似 RAM 的功能，可以随时改写（可重复擦写 1 万次以上）。目前，大多数 E^2PROM 芯片内部都备有升压电路。因此，只需提供单电源供电，便可进行读、擦除/写操作，这为数字系统的设计和在线调试提供了极大方便。

（5）快闪存储器（Flash Memory）。快闪存储器的存储单元也是采用浮栅型 MOS 管，存储器中数据的擦除和写入是分开进行的，数据写入方式与 EPROM 相同，需要输入一个较高的电压，因此要为芯片提供两组电源。一个字的写入时间约为 200μs，一般一只芯片可以擦除/写入 100 次以上。

2. ROM 的结构及工作原理

ROM 的内部结构由地址译码器和存储矩阵组成，图 9-12 所示是 ROM 的内部结构示意图。

3. ROM 的应用

（1）用做函数运算表电路

数学运算是数控装置和数字系统中需要经常进行的操作，如果事先把要用到的基本函数变量在一定范围内的取值和相应的函数取值列成表格，写入只读存储器中，则在需要时只要给出规定“地址”就可以快速地得到相应的函数值。这种 ROM 实际上已经成为函数

运算表电路。

（2）实现任意组合逻辑函数

从 ROM 的逻辑结构示意图可知，只读存储器的基本部分是与门阵列和或门阵列，与门阵列实现对输入变量的译码，产生变量的全部最小项，或门阵列完成有关最小项的或运算，因此从理论上讲，利用 ROM 可以实现任何组合逻辑函数。

4. 常用的 EPROM 举例——2764（如图 9-13 所示）

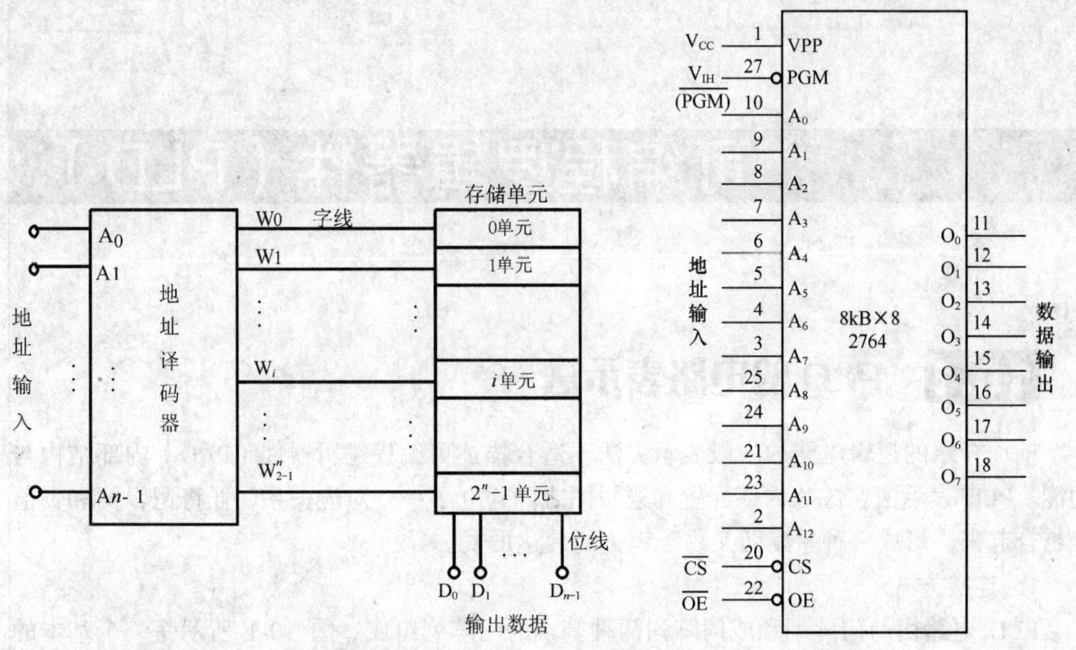

图 9-12　ROM 的内部结构示意图　　　图 9-13　标准 28 脚双列直插 EPROM 2764 逻辑符号

在正常使用时，V_{CC}=+5V、V_{IH}为高电平，即 V_{PP}引脚接+5V、$\overline{PGM}$引脚接高电平，数据由数据总线输出。在进行编程时，$\overline{PGM}$引脚接低电平，V_{PP}引脚接高电平（编程电平+25V），数据由数据总线输入。

$\overline{OE}$：输出使能端，用来决定是否将 ROM 的输出送到数据总线上去，当$\overline{OE}$=0 时，输出可以被使能，当$\overline{OE}$=1 时，输出被禁止，ROM 数据输出端为高阻态。

$\overline{OS}$：片选端，用来决定该片 ROM 是否工作，当$\overline{CS}$=0 时，ROM 工作，当$\overline{CS}$=1 时，ROM 停止工作，且输出为高阻态（无论$\overline{OE}$为何值）。

ROM 输出能否被使能决定于$\overline{CS}+\overline{OE}$的结果，当$\overline{CS}+\overline{OE}$=0 时，ROM 输出使能，否则将被禁止，输出端为高阻态。另外，当$\overline{CS}$=1 时，还会停止对 ROM 内部的译码器等电路供电，其功耗降低到 ROM 工作时的 10%以下。这样会使整个系统中 ROM 芯片的总功耗大大降低。

第10章 可编程逻辑器件（PLD）

10.1 PLD的电路表示法

前面介绍的逻辑电路的一般表示方法不适合描述可编程逻辑器件（PLD）内部结构与功能。PLD表示法在芯片内部配置和逻辑图之间建立了一一对应关系，并将逻辑图和真值表结合起来，形成一种紧凑而又易于识读的表达形式。

1. 连接方式

PLD 电路由与门阵列和或门阵列两种基本的门阵列组成。图 10-1 所示是一个基本的PLD结构图。由图可以看到，门阵列交叉点上连接有三种方式。

① 硬线连接：硬线连接是固定连接，不能用编程加以改变。

② 编程接通：通过编程实现接通的连接。

③ 可编程断开：通过编程使该处连接呈断开状态。

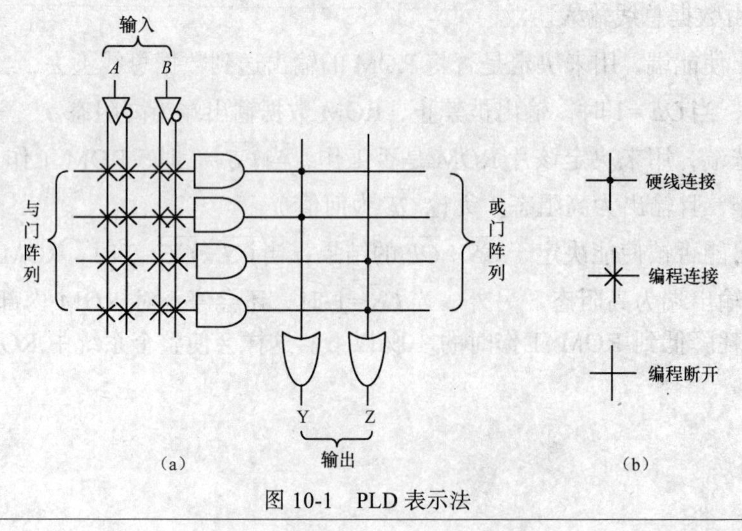

图 10-1　PLD 表示法

2. 基本门电路的 PLD 表示法

图 10-2 中给出了几种基本门在 PLD 表示法中的表达形式。一个四输入与门在 PLD 表示法中的表示如图 10-2（a）所示，$L_1 = ABCD$，通常把 A、B、C、D 称为输入项，L_1 称为乘积项（简称积项）。一个四输入或门如图 10-2（b）所示，其中 $L_2 = A+B+C+D$。缓冲器有互补输出，如图 10-2（c）所示。

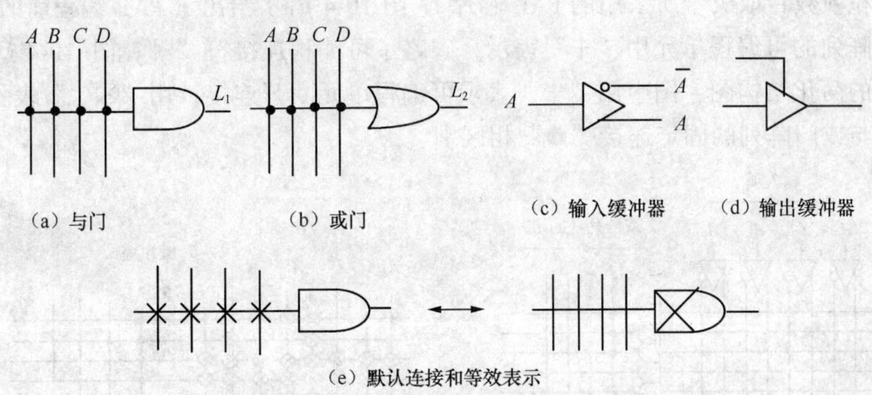

图 10-2　基本门的 PLD 表示法

3. PROM 的 PLD 表示法

可编程的只读存储器实质上可以认为是一个可编程逻辑器件，它包含一个固定连接的与门阵列（即全译码的地址译码器）和一个可编程的或门阵列。图 10-3 所示是 4 位输入地址码四位字长 PROM 的 PLD 表示法表示。图中可编程或阵列的可编程单元都以编程断开连接形式表示，图 10-3（b）为其等效表示。

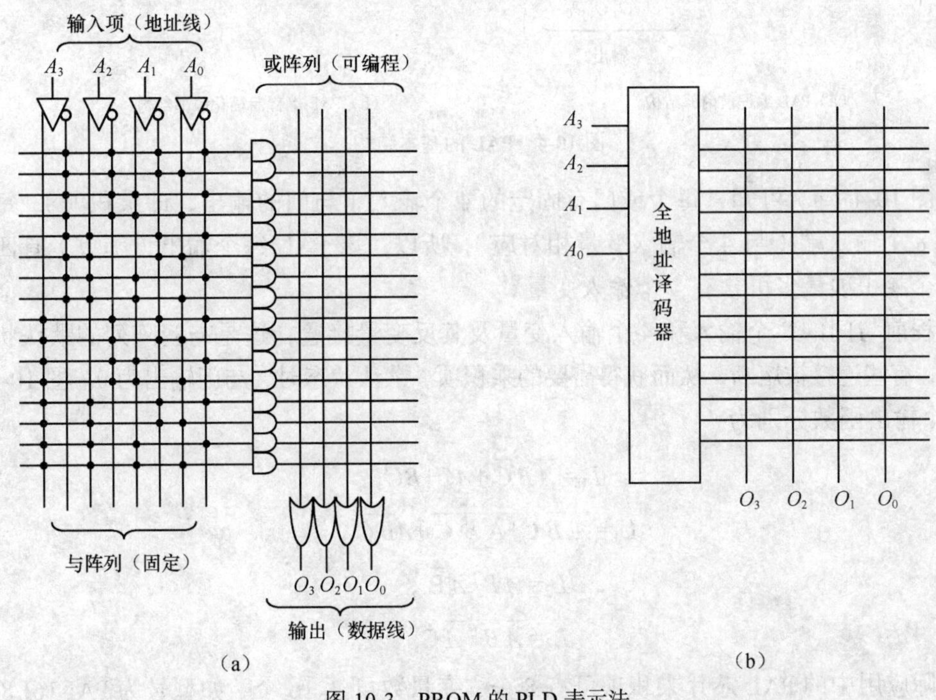

图 10-3　PROM 的 PLD 表示法

10.2 可编程阵列逻辑器件（PAL）

可编程阵列逻辑器件（PAL）采用可编程与门阵列和固定连接的或门阵列的基本结构形式。用 PAL 门阵列实现逻辑函数时，每个函数是若干个乘积项之和，但乘积项数目固定不变（乘积项数目取决于所采用的 PAL 芯片）。图 10-4（a）给出了 PAL 编程前的结构图，图中与门阵列的可编程单元用“十”表示，省略了可编程连接符“×”；图 10-4（b）给出了编程后的简化结构图，图中用“十”表示可编程单元断开连接，用“⊗ ”表示编程连接，以示与或门阵列的固定连接“●”相区别。

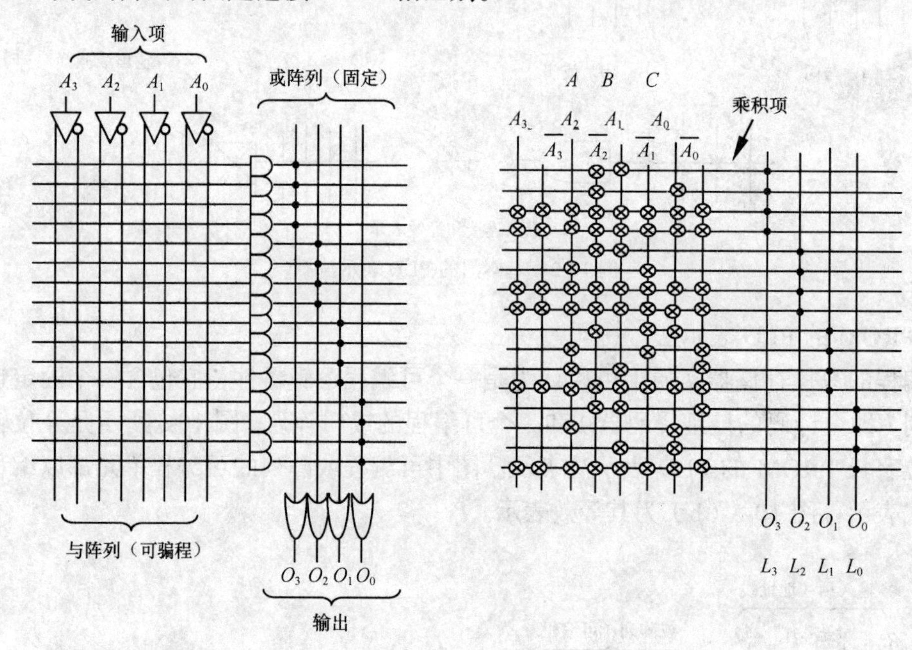

（a）PAL 编程前内部结构　　　　（b）PAL 编程后简化内部结构

图 10-4　PAL 的基本结构

由图 10-4（a）可知，每个或门有固定的 4 个输入（与门的输出，即乘积项），每个与门都有 8 个输入端（与 4 个输入变量相对应），所以，该 PAL 每个输出（函数）有四乘积项，每个乘积项最多可含有 4 个输入变量。

编程前与门的 8 个输入和 4 个输入变量及其反变量接通，这是与门阵列的默认状态。编程后，有些连接被熔断，从而获得需要的乘积项。默认状态时，与门输出为 0。图 10-4（b）中，4 个输出函数分别为

$$L_0=\overline{A}B\overline{C}+AC+BC,$$

$$L_1=\overline{A}\,\overline{B}C+A\overline{B}\,\overline{C}+AB\overline{C},$$

$$L_2=\overline{A}B+A\overline{B},$$

$$L_3=\overline{A}B+\overline{A}C。$$

实际应用中的 PAL 芯片乘积项可有 8 个，变量数可达 16 个，如型号为 PAL16L8 可编

程阵列逻辑器件。

10.3 可编程通用阵列逻辑器件（GAL）

可编程通用阵列逻辑器件（GAL）是在 PAL 基础上发展起来的新一代逻辑器件，它继承了 PAL 的与-或阵列结构，又利用灵活的输出逻辑宏单元（OLMC）来增强输出功能。

1. GAL 的基本结构

图 10-5 给出了可编程通用阵列逻辑器件 GAL16L8 内部逻辑结构及相应到脚分布。它由 5 部分组成：

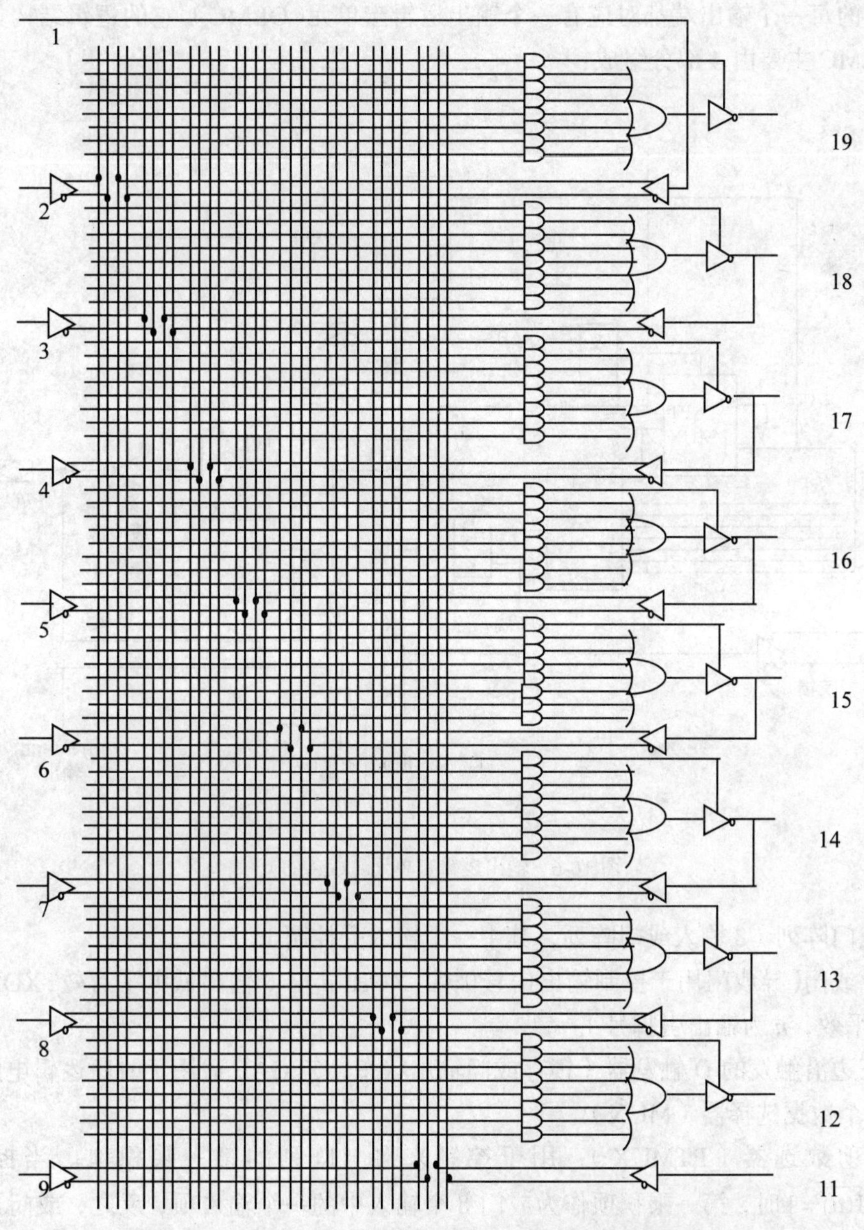

图 10-5 通用可编程阵列逻辑器件 GAL16L8 内部逻辑结构

① 8 个输入缓冲器（引脚 2～9 作为输入）；

② 8 个输出缓冲器（引脚 12～19 作为输出缓冲器的输出）；

③ 8 个反馈/输入缓冲器（将输出反馈给与门阵列，或将输出端用做输入端）；

④可编程与门阵列（由 8×8 个与门构成，形成 64 个乘积项，每个与门有 32 个输入，其中 16 个来自输入缓冲器，另 16 个来自反馈/输入缓冲器）；

⑤ 8 个输出逻辑宏单元（OLMC12～19，或门阵列包含其中）。

除以上五个组成部分外，该器件还有一个系统时钟 CK 的输入端（引脚 1）、一个输出三态控制端 OE（引脚 11）、一个电源 V_{CC} 端（引脚 20）和一个接地端（引脚 10）。

2. 输出逻辑宏单元（OLMC）

GAL 的每一个输出端都对应有一个输出逻辑宏单元（OLMC），它的逻辑结构如图 10-6 所示。OLMC 主要由 4 部分组成：

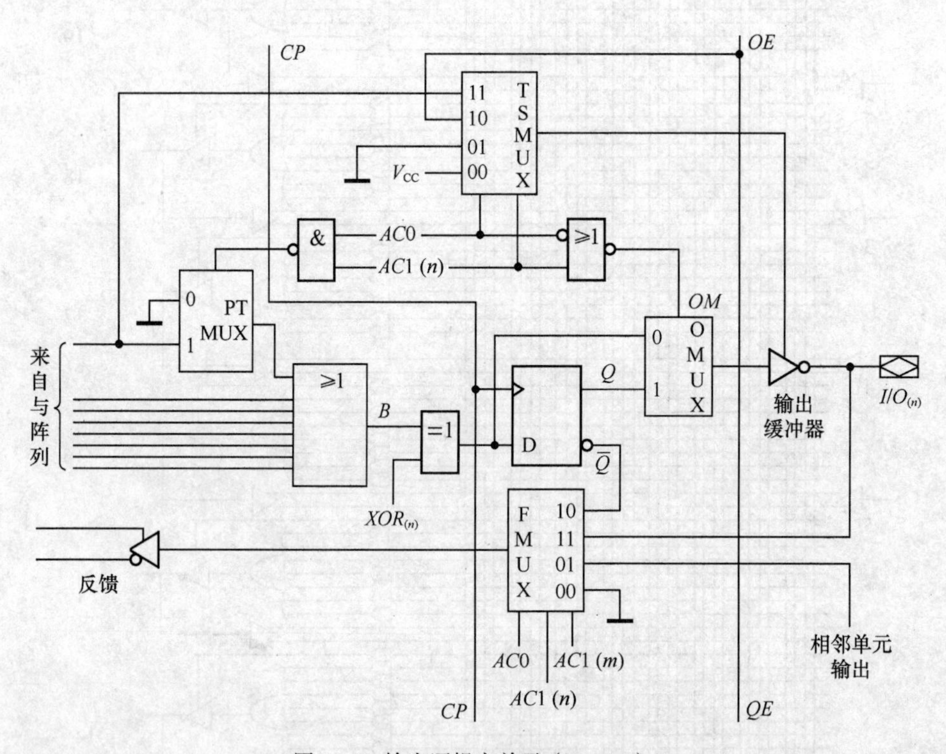

图 10-6 输出逻辑宏单元（OLMC）

① 或门阵列（8 输入或门阵列，其中一个输入受控制）；

② 异或门（异或门用于控制输出信号极性，XOR(*n*)＝0 输出低电平有效，XOR(*n*)＝1 输出高电平效，*n* 为输出引脚号）；

③ 正边沿触发的 D 触发器（锁存或门输出状态，使 GAL 适用于时序逻辑电路）；

④ 4 个数据选择器（MUX）。

乘积项数选器（PTMUX）：用于控制来自与阵列的第一乘积项。当控制字中 $\overline{AC0 \bullet AC1(n)} = 1$ 时，第一乘积项作为或门 8 个输入中的一个输入项，反之，或门只有 7 个输入项。

三态数据选择器（STMUX）：用于选择三态输出缓冲器的控制信号。当 AC0 AC1（*n*）= 00 时，V_{CC} 为控制信号，三态缓冲器使能；AC0 AC1（*n*）= 01 时，输出缓冲器禁止；AC0 AC1（*n*）= 11 时，第一乘积项为三态缓冲器的控制信号；AC0 AC1（*n*）= 10 时，OE 作为三态缓冲器的使能信号。

反馈数据选择器（FMUX）：用于决定反馈信号的来源。受 AC0、AC1（*n*）和 AC1（*m*）控制，m 为相邻宏单元对应 I/O 引脚号。有 4 种信号来源：地电平、相邻 OMUX 输出、本级 OMUX 输出和本级 D 触发器输出的互补输出。

输出数据选择器 OMUX：用于决定输出信号是否锁存。$\overline{AC0+AC1(n)}=1$，输出信号是寄存器型。

表 10-1 给出了 OMUX 的五种设置情况。在结构控制字的控制下，可将 OMUX 设置成五种不同功能。

表 10-1　　GAL16L8 工作模式

工作模式	功能	SYN	AC0	AC1（*n*）	备注
简单型	专用输入	1	0	1	15，16 除外，均为输入
	组合输出	1	0	0	OLMC 均为组合输出
复杂型	组合输出	1	1	1	三态门由第一乘积项选通
寄放器型	组合输出	0	1	1	至少 1 个 OLMC 寄存器输出，1 脚接 CK，11 脚接 OE
	寄存器输出	0	1	0	

3. 结构控制字

GAL16L8 的各种配置是经结构控制字来控制的。GAL16L8 的结构控制字如图 10-7 所示，控制字中 XOR（*n*）和 AC1（*n*）里的数字 n 分别表示对输出引脚号为 *n* 的 OLMC 控制。

82位

PT63　PT32						PT31　PT0
PT（乘积项）禁止位	XOR（n）	SYN	AC1（n）	AC0	XOR（n）	PT（乘积项）禁止位
32 位	4 位	1 位	8 位	1 位	4 位	32 位

图 10-7　GAL16L8 结构控制字

结构控制字中各位功能如下。

① 同步位 SYN

SYN 用以确定 GAL 器件具有组合逻辑输出功能还是时序逻辑输出功能。*SYN* = 1，具有组合型输出能力；*SYN* = 0，GAL 具有寄存器型输出能力。

② 结构控制位 AC0

AC0 对 8 个 OLMC 是公共的，它与各 OLMC（*n*）的各自 AC1（*n*）一起控制 OLMC（*n*）中的各个数据选择器。

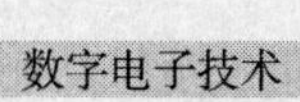

③ 结构控制位 AC1

共有 8 个 AC1，每个 AC1（*n*）控制一个 OLMC（*n*）。

④ 极性控制位 XOR（*n*）

8 个 XQR 通过相应 OLMC 中的异或门实现对各个输出极性的控制。

⑤ 乘积项（PT）禁止位

共有 64 位，分别控制与门阵列的 64 个乘积项（PT0～PT63）。

通过对结构控制字的编程，可以控制 GAL 的工作模式。

4. GAL 的工作模式

GAL16L8 有三种工作模式，即简单型、复杂型和寄存器型。简单型工作模式下，GAL 内无反馈通路。复杂型工作模式下，GAL 内存在反馈通路。寄存器型工作模式时，至少有一个 OLMC 工作在寄存器输出模式。表 10-2、表 10-3 和表 10-4 分别列出在简单、复杂和寄存器型工作模式下各引脚的功能。

表 10-2　GAL16L8 简单型工作模式

引脚号	功能
20	Vcc
10	地
1～9，11	仅作为输入
15，16	仅作为输出（无反馈通路）
12～14，17～19	输入或输出（无反馈通路）

表 10-3　GAL16L8 复杂型工作模式

引脚号	功能
20	Vcc
10	地
1～9，11	仅作为输入
12，19	仅作为输出（无反馈通路）
13～1	输入或输出（有反馈通路）

表 10-4　GAL16L8 寄存器型工作模式

引脚号	功能	引脚号	功能
20	Vcc	1	时钟脉冲输入
10	地	11	使能输入（低电平有效）
2～9	仅作为输入	12～19	输入或输出（有反馈通路）

附录

附录A Multisim 在数字电子电路中的使用简介

Multisim 是 Interactive Image Technologies（Electronics Workbench）公司推出的以Windows为基础的仿真工具，适用于板级的模拟/数字电路板的设计工作。它包含了电路原理图的图形输入、电路硬件描述语言输入方式，具有丰富的仿真分析能力。为适应不同的应用场合，Multisim 推出了许多版本，用户可以根据自己的需要加以选择。在本书中将以Multisim10.0 教育版为演示软件，结合教学的实际需要，简要地介绍该软件的概况和使用方法，并给出几个应用实例。

A.1 门电路的仿真分析

字发生器（Word Generator）往往作为数字电路的信号源使用，以下通过与门电路的测试仿真来介绍字发生器的使用。

例 1：与门电路的仿真测试

解：步骤如下。

① 在菜单栏上选择文件→新建，建立一个电路文件，命名为“与门测试.ms10”。

② 单击器件工具栏的 TTL 数字模块图标 ,在弹出的选择元件的界面上选 74LS08D，按确定按钮。

③ 单击仪表工具栏的字发生器图标 ，并拖入工作区。

④ 单击器件工具栏的指示器模块图标 ，弹出的选择器件界面上选 PROBE 指示灯，按确定按钮。

⑤ 单击仪表工具栏的四踪示波器图标 ，并拖入工作区，双击示波器则打开其工作面板。

⑥ 按图 A-1 连线。

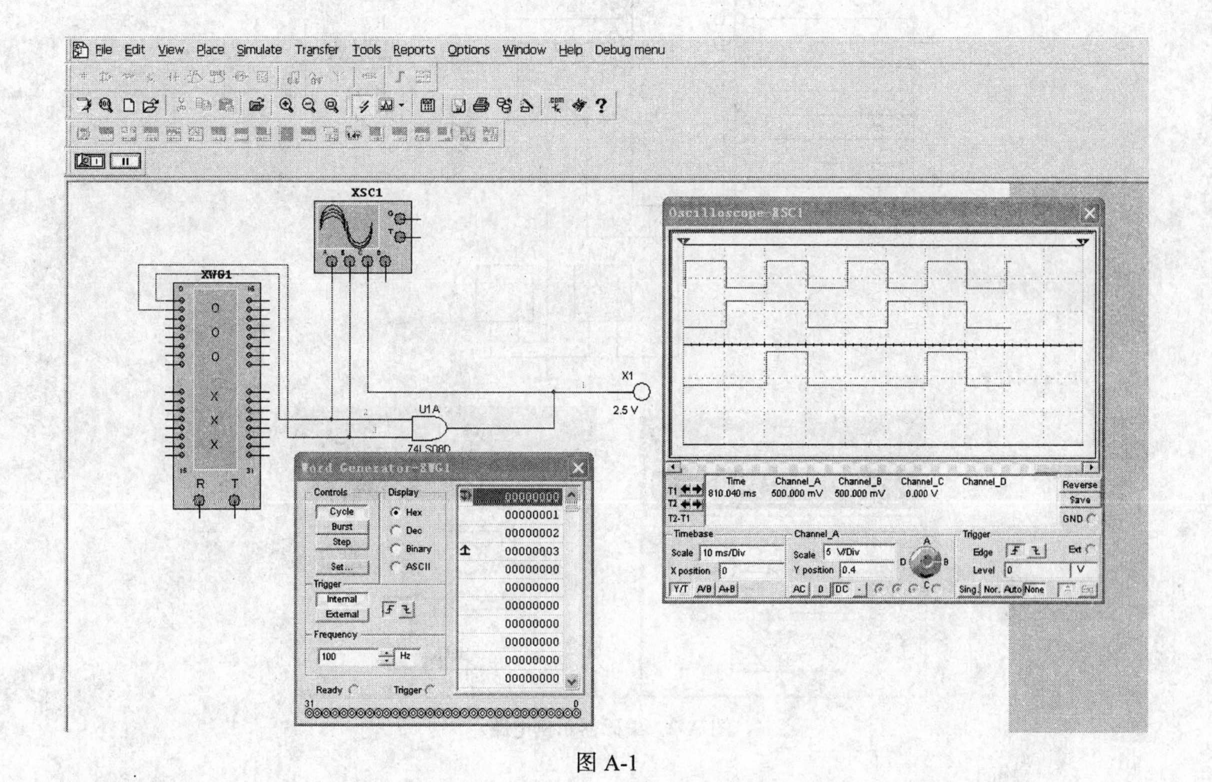

图 A-1

⑦ 字发生器的使用方法：双击工作区里的字发生器，则打开其工作面板；数字信号“控制”选“循环”；“触发”的方式选“内”，定义上沿触发↑（或下沿触发↓）；数字信号存储区“显示”选“十六进制”，设置起始位置 00000000，结束位置 00000003，相应的两个与门输入信号 AB 从 00→01→10→11 变化；频率设置为 100Hz。

⑧ 单击“运行”按钮，可直观地看到与门电路的仿真测试，对照指示灯的亮或灭，记录下输入、输出相应的波形，分析其逻辑关系为逻辑“与”。

A.2 编码器电路的仿真分析

我们以 74148N 集成电路为例进行编码器电路的仿真分析。

所构建的仿真电路如图 A-2 所示。其中输入状态 D0～D7，用“地”和“Vcc”来表示其不同的状态。解码输出端的状态用发光二极管 LED1、LED2、LED3 分别来显示。当状态为“1”时，发光二极管 LED 点亮，当状态为“0”时，发光二极管 LED 熄灭。而对 15 脚选通输出端、1 脚扩展端状态的指示则用两块万用表来表示。

对输入状态进行设置完成后，按下仿真开关时，就会看到输出端的发光二极管的“亮”与“灭”，同时两块万用表也同时显示不同的值。这里只举出一种状态。

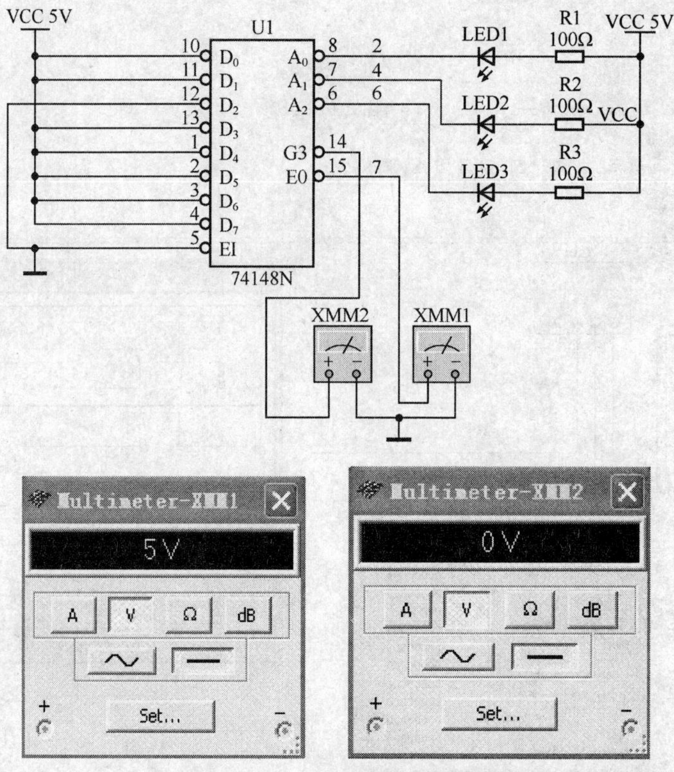

图 A-2　编码器示例电路

A.3 译码器电路的仿真分析

74LS138 译码器的管脚功能如表 A-1 所示。

表 A-1　　74LS148 译码器的管脚功能

			SELECT										
$\overline{GL}$	G1	$\overline{G2}$	C	B	A	Y0	Y1	Y2	Y3	Y4	Y5	Y6	Y7
×	×	1	×	×	×	1	1	1	1	1	1	1	1
0	1	0	×	×	×	1	1	1	1	1	1	1	1
0	1	0	0	0	0	0	1	1	1	1	1	1	1
0	1	0	0	0	1	1	0	1	1	1	1	1	1
0	1	0	0	1	0	1	1	0	1	1	1	1	1
0	1	0	0	1	1	1	1	1	0	1	1	1	1
0	1	0	1	0	0	1	1	1	1	0	1	1	1
0	1	0	1	0	1	1	1	1	1	1	0	1	1
0	1	0	1	1	0	1	1	1	1	1	1	0	1
0	1	0	1	1	1	1	1	1	1	1	1	1	0
0	1	0	×	×	×	Output corresponding to stored address 0;all others 1							

构建的译码器仿真电路如图 A-3 所示。

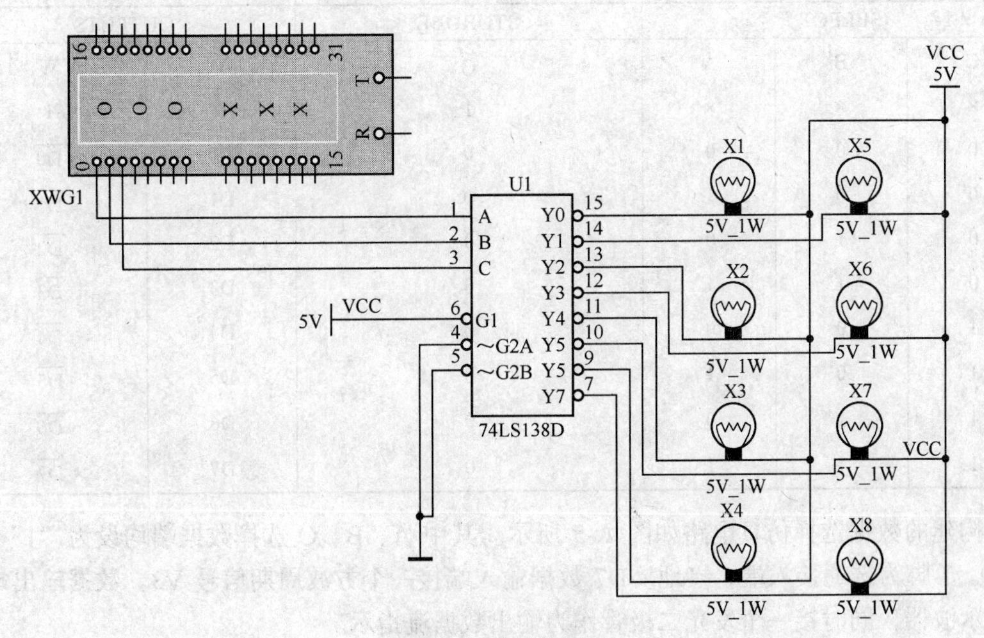

图 A-3　译码器电路

其中，用字信号仪器作为输入状态的操作，分别用 8 个灯泡来显示输出的状态。双击字信号符号，弹出其设置面板，如图 A-4 所示。对其进行相应的设置。

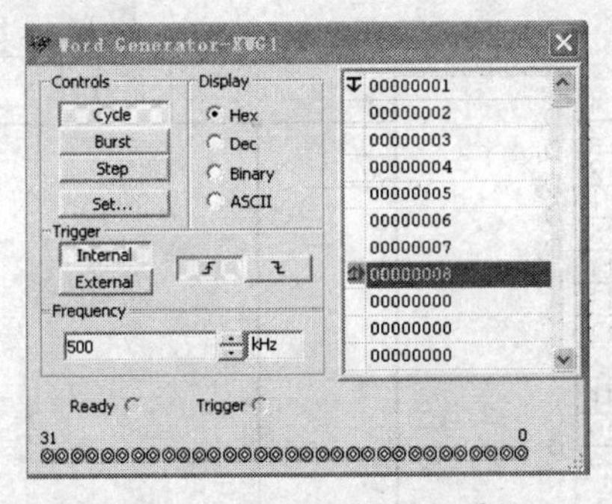

图 A-4　字发生器设置面板

在字信号编辑区，对字信号进行设置，并对数据的执行过程进行相应的设置。在字信号编辑区单击鼠标右键，打开设置对话框，可以对数据流进行设置光标、设置断点、去掉断点、设置起始位、设置结束位等的操作。

设置完毕后，按下仿真开关，8 个灯泡依次点亮。此电路完成了译码器的功能。

A.4　数据选择电路的仿真分析

数据选择集成电路 74151N 的管脚功能如表 A-2 所示。

表 A-2 集成电路 74151N 的管脚功能

SELECT			STOROBE	OUTPUTS	
C	B	A	$\overline{G}$	V	W
×	×	×	1	0	1
0	0	0	0	D0	$\overline{D0}$
0	0	1	0	D1	$\overline{D1}$
0	1	0	0	D2	$\overline{D2}$
0	1	1	0	D3	$\overline{D3}$
1	0	0	0	D4	$\overline{D4}$
1	0	1	0	D5	$\overline{D5}$
1	1	0	0	D6	$\overline{D6}$
1	1	1	0	D7	$\overline{D7}$

构建的数据选择仿真电路如图 A-5 所示。其中 A、B、C 选择数据端均设为“1”(接 Vcc)。7 脚为选通接入端，接地。D7 数据输入端接一个方波周期信号 V3。数据输出端接一个示波器，同时接一个发光二极管作为输出数据流指示。

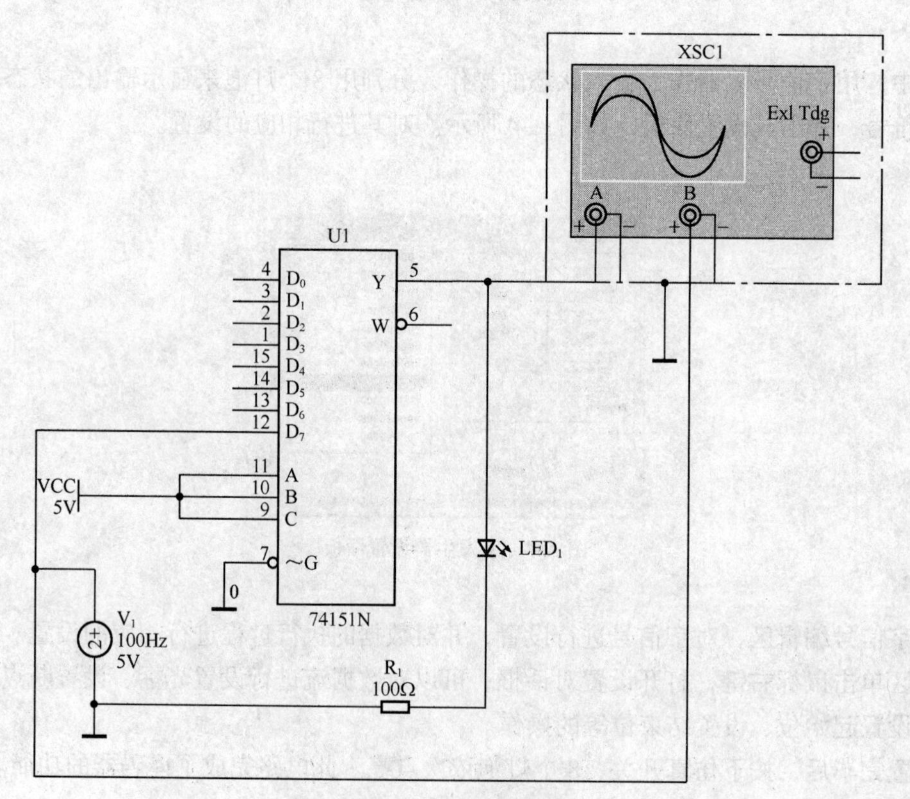

图 A-5 数据选择电路

打开示波器显示面板，并按下仿真开关，可以看到，发光二极管周期性地闪烁。示波器显示的选通输出波形如图 A-6 所示，与理论上的分析完全一致。

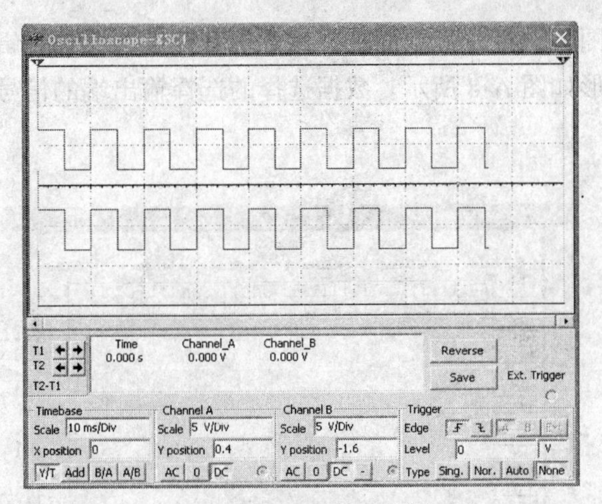

图 A-6　选通输出波形

也可以用逻辑分析仪来进行分析。逻辑分析仪可以同步记录和显示 16 路逻辑信号 ，常用于数字逻辑电路的时序分析和大型数字系统的故障分析。

构建的仿真电路如图 A-7 所示。其中逻辑分析仪的第一路接数据信号输入端 D7，第二路接数据选择的选择输出端 Y。

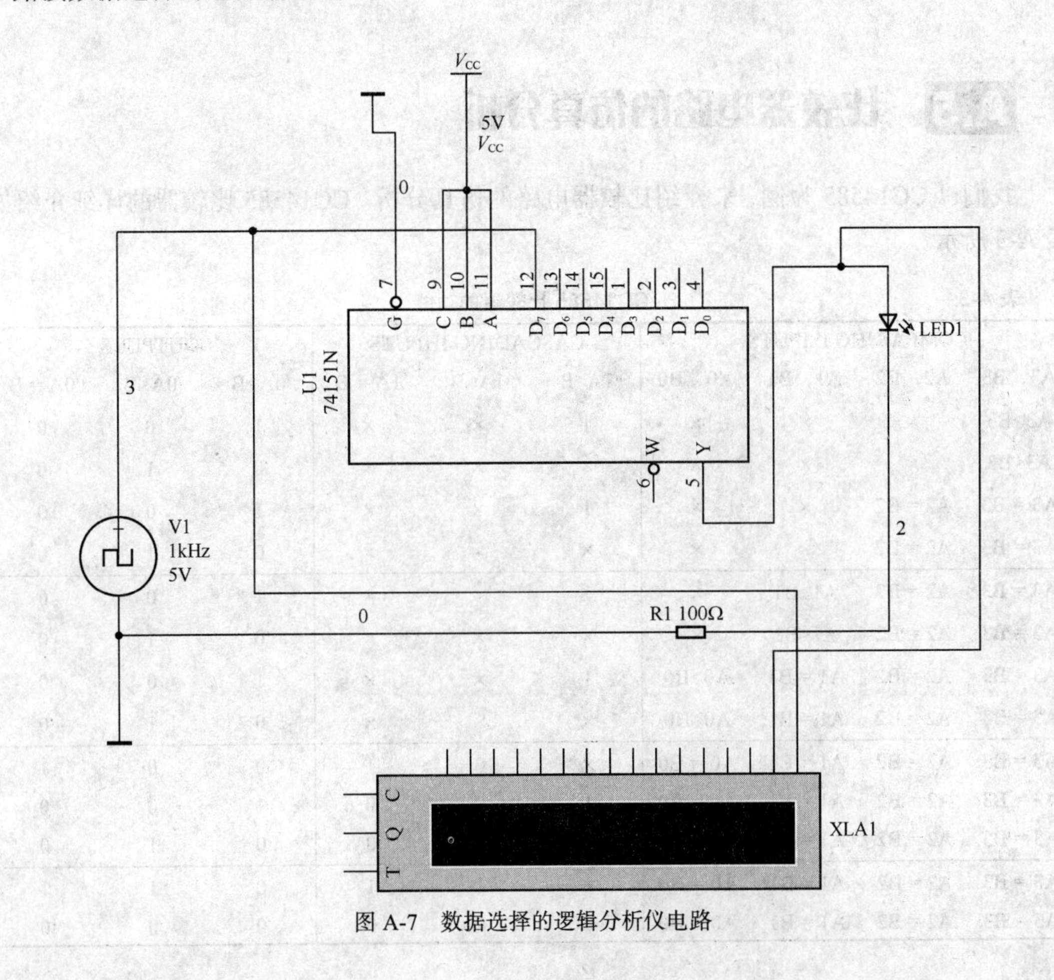

图 A-7　数据选择的逻辑分析仪电路

双击逻辑分析仪图标，打开显示面板，按下仿真开关，看到逻辑分析仪上显示的第一路和第二路的信号波形如图 A-8 所示。数据选择的选择输出端的信号和数据信号输入端的信号完全一致。

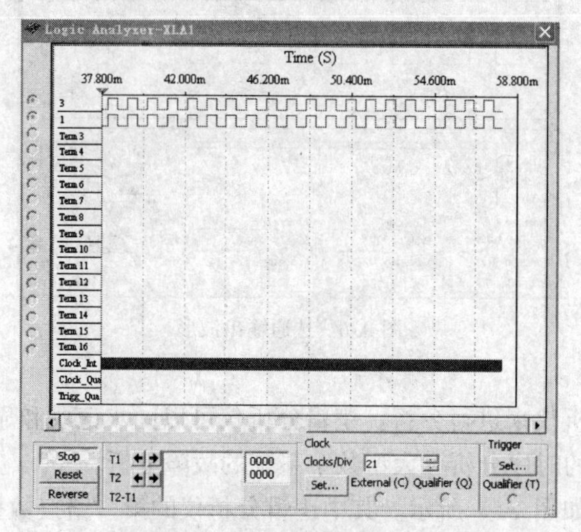

图 A-8　逻辑分析仪显示面板

A.5　比较器电路的仿真分析

我们以 CC14585 为例，来介绍比较器电路的仿真分析。CC14585 比较器的详细介绍如表 A-3 所示。

表 A-3　　CC14585 比较器的功能

COMPARJHG IMPUTS				CASCADING IHPUTS			OUTPUTS		
A3，B3	A2，B2	A1，B1	A0，B0	1A>B	1A<B	1A = B	0A>B	0A<B	0A = B
A3>B3	×	×	×	1	×	×	1	0	0
A3<B3	×	×	×	×	×	×	0	1	0
A3 = B3	A2 = B2	×	×	1	×	×	1	0	0
A3 = B3	A2 = B2	×	×	×	×	×	0	1	0
A3 = B3	A2 = B2	A1>B1	×	1	×	×	1	0	0
A3 = B3	A2 = B2	A1<B1	×	×	×	×	0	1	0
A3 = B3	A2 = B2	A1 = B1	A0>B0	1	×	×	1	0	0
A3 = B3	A2 = B2	A1 = B1	A0<B0	×	×	×	0	1	0
A3 = B3	A2 = B2	A1 = B1	A0 = B0	×	0	1	0	0	1
A3 = B3	A2 = B2	A1 = B1	A0 = B0	1	0	0	1	0	0
A3 = B3	A2 = B2	A1 = B1	A0 = B0	×	1	0	0	1	0
A3 = B3	A2 = B2	A1 = B1	A0 = B0	×	1	1	0	1	1
A3 = B3	A2 = B2	A1 = B1	A0 = B0	0	0	0	0	0	0

构建的比较器仿真电路如图 A-9 所示。此时是比较 A3 和 B3 的值，A3 为高电位；B3 由开关 J1 控制，可在高、低电位之间变换；开关 J2 控制集成电路的“4”端，即级联输入端，使其可在高、低电位之间变换。输出端用一个发光二极管来显示比较的状态。通过开关 J1、J2 状态的转换，我们可以得到输出端比较以后的状态值。完全符合现在条件下的比较结果。

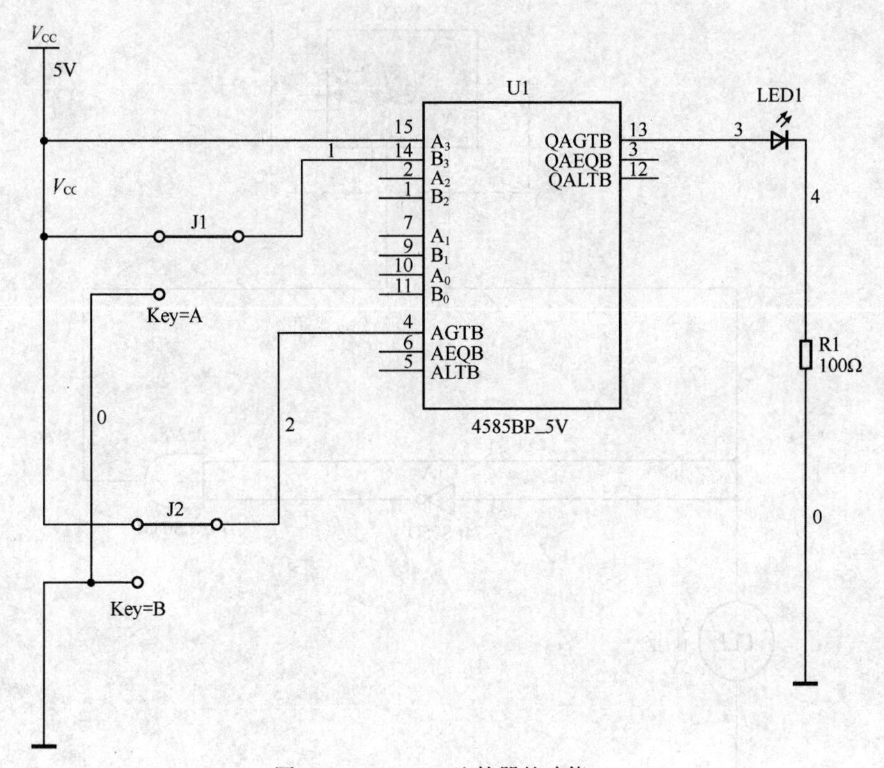

图 A-9 CC14585 比较器的功能

A.6 竞争冒险现象的仿真分析

在由门电路组成的组合逻辑电路中，输入信号的变化传输到各级门电路时，由于门电路存在传输延时的时间和信号状态变化不一致等原因，使信号的变化出现快慢的差异，这种先后形成的时差称为竞争。竞争的结果是使输出端可能出现错误信号，这种现象称为冒险。有竞争不一定有冒险，但有冒险一定存在竞争。

利用卡诺图可以判断组合逻辑电路是否可能存在竞争冒险现象。具体做法如下：根据逻辑函数的表达式，画出卡诺图，如卡诺图中填 1 的格所形成的卡诺图由两个相邻的圈相切，则该电路就存在竞争冒险的可能性。

组合逻辑电路存在竞争就有可能产生冒险，造成输出的错误动作。因此，在设计组合逻辑电路时必须分析竞争冒险现象的产生原因，解决电路设计中的问题，以杜绝竞争冒险现象的产生。常用的消除竞争冒险的方法有：加取样脉冲，消除竞争冒险；修改逻辑设计，增加冗余项；在输出端接滤波电路；加封锁脉冲等。

竞争冒险现象的仿真电路如图 A-10 所示。其中 V1 是一个方波信号。示波器的 A 通道、B 通道分别接在输入端和输出端。按下仿真按钮，示波器上显示的输入、输出波形如图 A-11 所示。

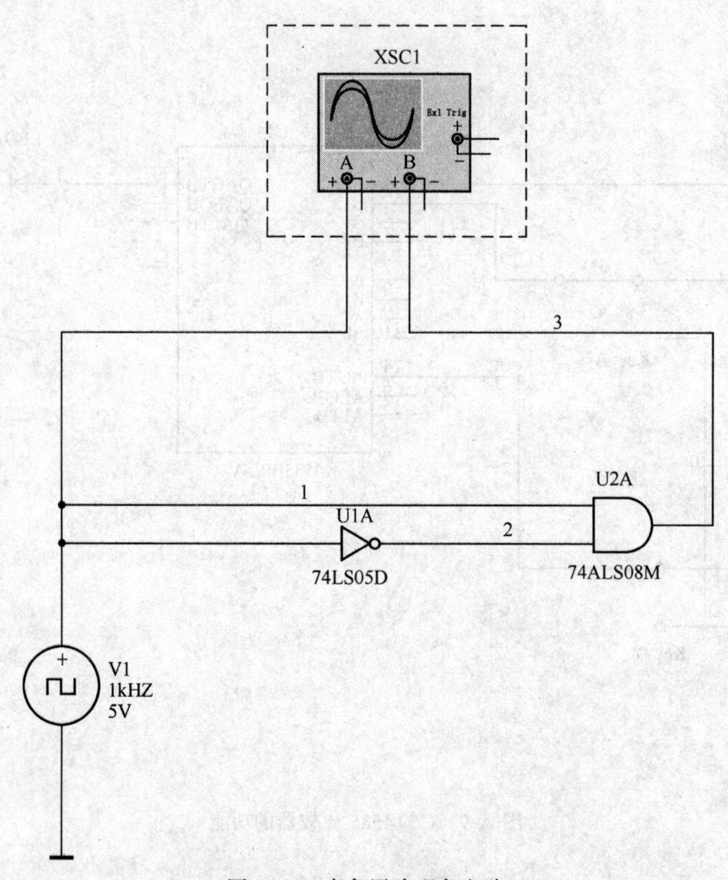

图 A-10 竞争冒险现象电路

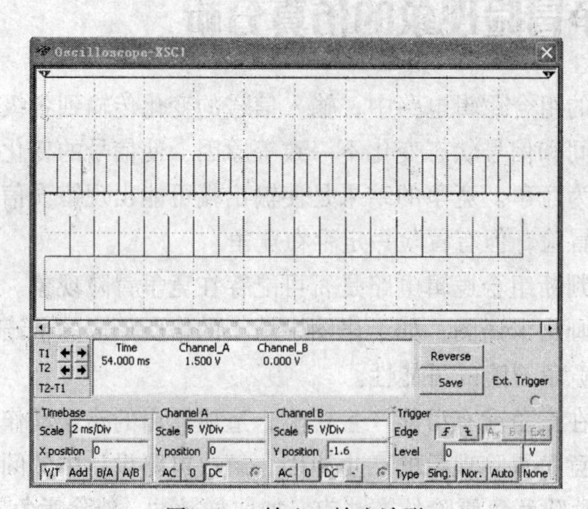

图 A-11 输入、输出波形

图 A-10 所示的电路的逻辑功能为 $F=0$。从逻辑表达式来看，无论输入输出信号如何变化，输出应保存不变，恒为 0（低电平）。但实际情况并非如此，从仿真的结果可以看到，由于 74LS05D 非门电路的延时，在输入信号的上升沿，电路输出端有一个正的窄脉冲输出，如图 A-11 所示，这种现象称为 1（高电平）型冒险。

A.7　J-K 触发器的仿真分析

我们以集成电路 4027BD 构建 J-K 触发器功能测试仿真电路，如图 A-12 所示。其中，V1 为一方波信号。双通道示波器接在两个输出端。

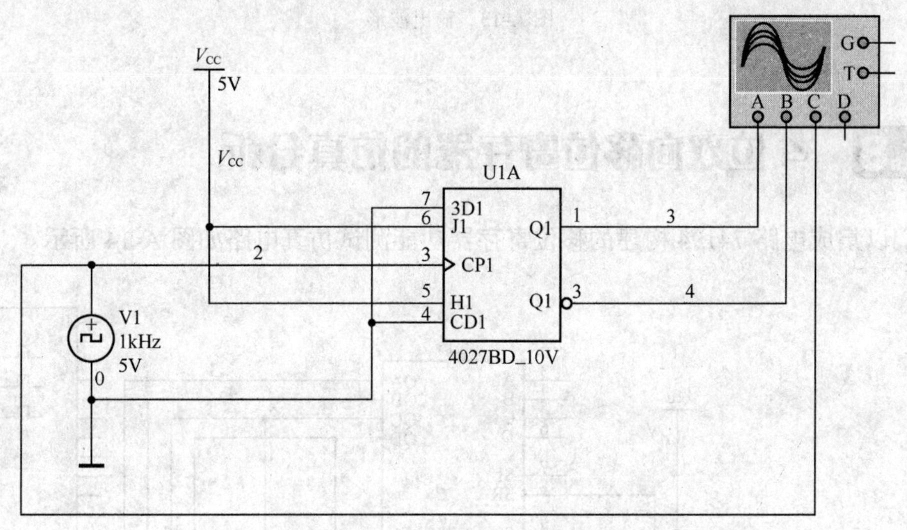

图 A-12　J-K 触发器功能测试电路

集成电路 4027BD 的双上升沿 J-K 触发器功能的详细介绍如表 A-4 所示。按下仿真开关，示波器上显示的输出波形如图 A-13 所示。

表 A-4　4027BD 双上升沿 J-K 触发器功能

SD	CD	CP	J	K	On	$\overline{On}$
1	0	×	×	×	1	0
0	1	×	×	×	0	1
1	1	×	×	×	1	1
0	0		0	0	Hold	
0	0		1	0	1	0
0	0		0	1	0	1
0	0		1	1	Toggle	

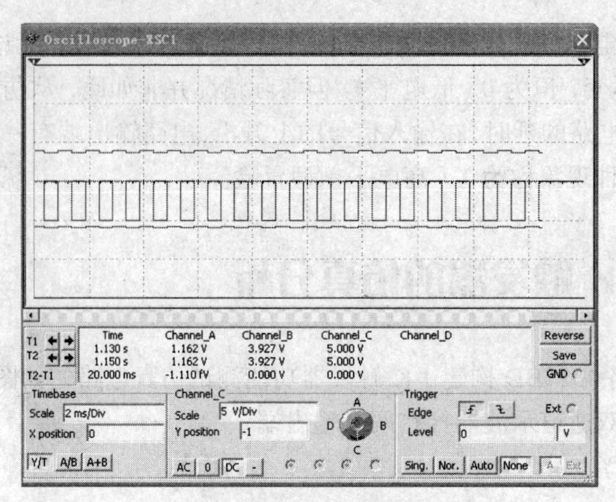

图 A-13　输出波形

A.8　4 位双向移位寄存器的仿真分析

我们以集成电路 74194 构建的移位寄存器功能测试仿真电路如图 A-14 所示。

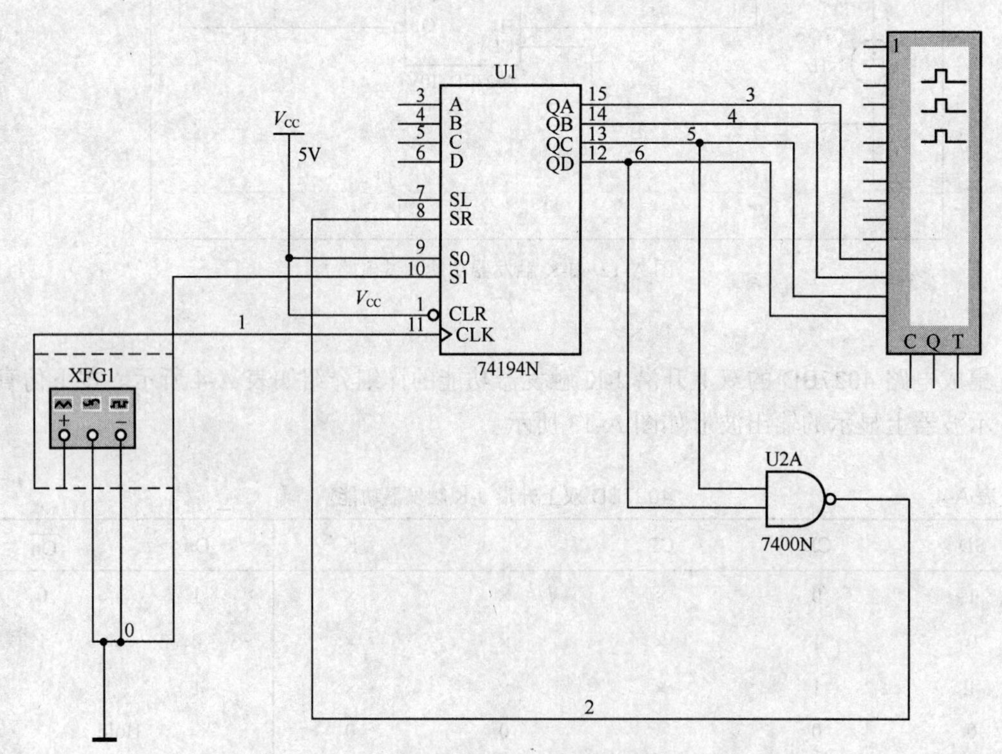

图 A-14　移位寄存器功能测试电路

其中，用逻辑分析仪 XLA1 接在 4 位双向移位寄存器的 4 个输出端 QA、QB、QC、QD 上，观察其时序的变化情况。用函数发生器 XFG1 作为时钟信号。

函数发生器 XFG1 的设置如图 A-15 所示。

图 A-15　函数发生器设置

集成电路 74194 的 4 位双向移位寄存器功能的详细介绍如表 A-5 所示。

表 A-5　　　　　　　　4 位双向移位寄存器功能

	MODE			SERIAL		PARALLEL				OUTPUTS			
$\overline{\text{CLEAR}}$	S1	S0	CLK	LEFT	RIGHT	A	B	C	D	QA	QB	QC	QD
0	×	×	×	×	×	×	×	×	×	0	0	0	0
1	×	×	0	×	×	×	×	×	×	QA0	QB0	QC0	QD0
1	1	1	-	×	×	a	b	c	d	a	b	c	d
1	0	1	-	×	1	×	×	×		1	QA*n*	QB*n*	QC*n*
1	0	1	-	×	0	×	×	×		0	QA*n*	QB*n*	QC*n*
1	1	0	-	1	×	×	×	×		QB*n*	QC*n*	QD*n*	1
1	1	0	-	0	×	×	×	×	×	QB*n*	QC*n*	QD*n*	0
1	0	0	×	×	×	×	×	×	×	QA0	QB0	QC0	QD0

按下仿真开关，双击逻辑分析仪 XLA1 图标，打开其显示面板，看到输出端 QA、QB、QC、QD 四个输出端的时序变化情况如图 A-16 所示。

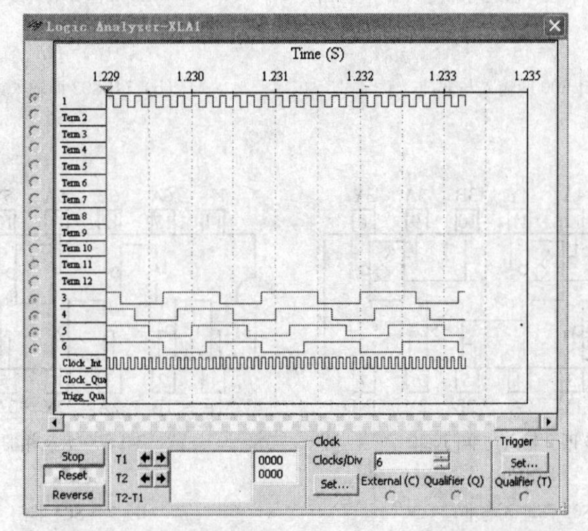

图 A-16　输出端 QA、QB、QC、QD 四个输出端的时序

所显示的结果与我们理论分析的结果完全一致。

附录B

常见门电路芯片引脚图

B.1 TTL 集成门

常见 TTL 门电路芯片引脚如图 B-1 所示。

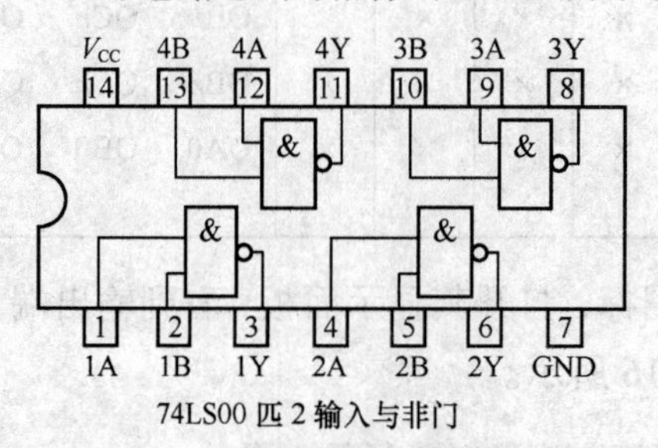

$Y=\overline{AB}$

（a）74LS00 两输入与非门

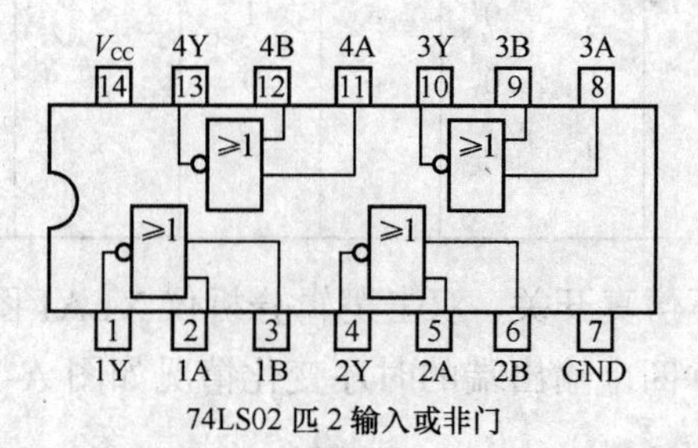

$Y=\overline{A+B}$

（b）74LS02 两输入或与非门

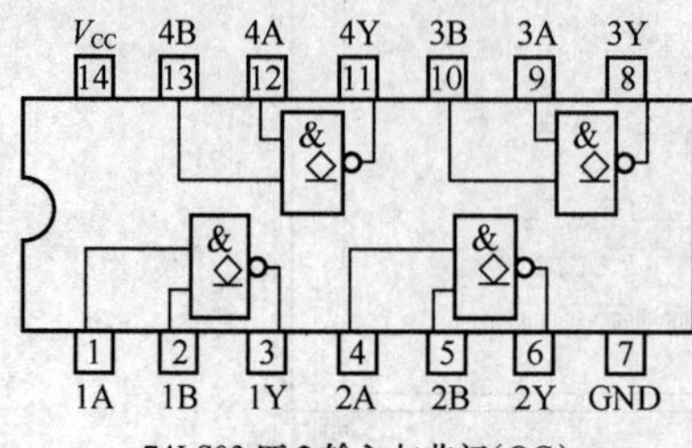

74LS03 匹 2 输入与非门(OC)

$Y=\overline{AB}$

（c）74LS03 两输入与非门（OC）

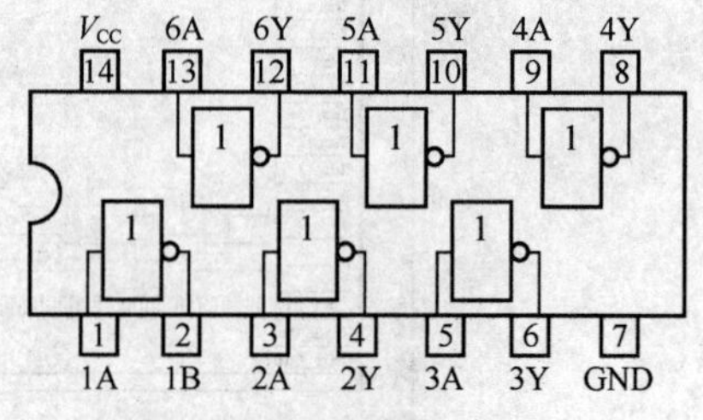

74LS00 大反相器

$Y=\overline{A}$

（d）74LS04 非门

图 B-1 常见 TTL 门电路芯片引脚图

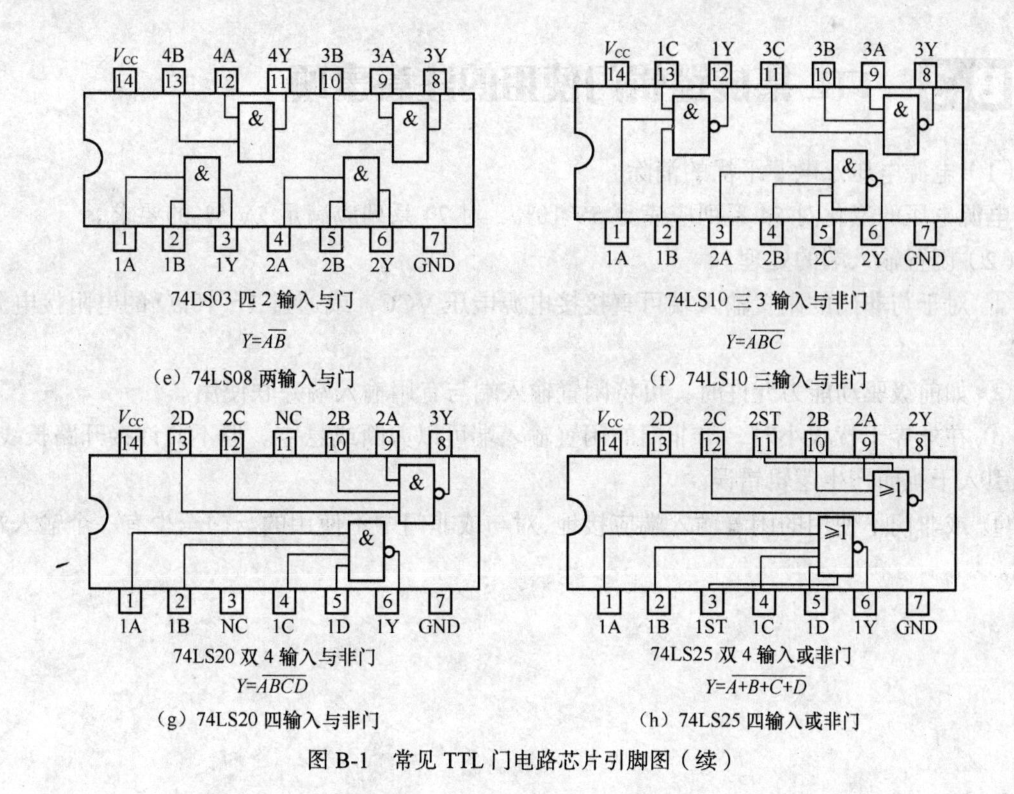

（e）74LS08 两输入与门　　（f）74LS10 三输入与非门

（g）74LS20 四输入与非门　　（h）74LS25 四输入或非门

图 B-1　常见 TTL 门电路芯片引脚图（续）

B.2　CMOS 集成门

常见 CMOS 集成门电路芯片引脚图如图 B-2 所示。

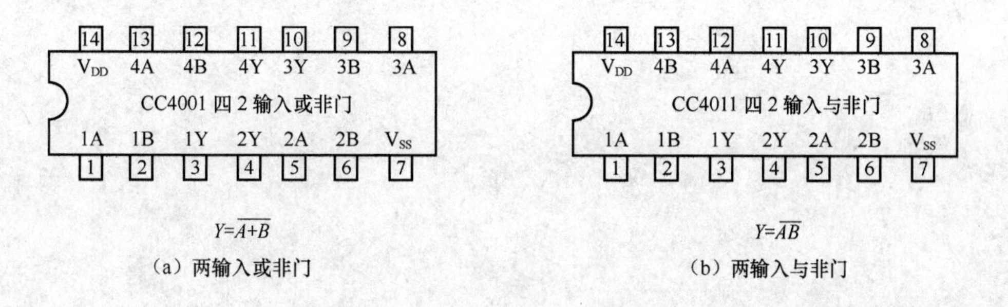

（a）两输入或非门　　（b）两输入与非门

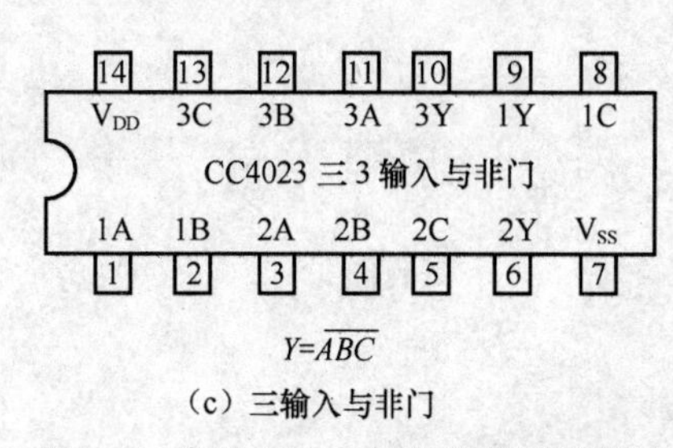

（c）三输入与非门

图 B-2　常见 CMOS 门电路芯片引脚图

B.3 TTL 集成逻辑门使用的注意事项

（1）电源电压及电源干扰的消除

电源电压的变化对 54 系列应满足 5V 10%、对 74 系列应满足 5V 5%的要求。

（2）闲置输入端的处理

① 对于与非门的闲置输入端可直接接电源电压 VCC，或通过 1～10kΩ 的电阻接电源 VCC。

② 如前级驱动能力允许时，可将闲置输入端与有用输入端并联使用。

③ 在外界干扰很小时，与非门的闲置输入端可以剪断或悬空。但不允许接开路长线，以免引入干扰而产生逻辑错误。

④ 或非门不使用的闲置输入端应接地，对与或非门中不使用的与门至少有一个输入端接地。